魏素宣◎著

好看的外表千篇一律，有趣的灵魂万里挑一

中国纺织出版社有限公司 | 国家一级出版社
全国百佳图书出版单位

内 容 提 要

作家王小波说："一辈子很长，要和有趣的人在一起。"但其实，一辈子也很短，灿如烟火，而我们都想做"不一样的烟火"，都想让有限的人生充实而有意义，唯一的途径就是成为一个有着丰富且有趣灵魂之人。

本书从"有趣"这一话题出发，为我们解开快乐人生的终极答案——有趣。有趣，是一个人一辈子的才情，并且引导我们如何塑造有趣的灵魂，相信在阅读本书后，你会有所启发，也能发现自我，快乐一生。

图书在版编目（CIP）数据

好看的外表千篇一律，有趣的灵魂万里挑一／魏素宣著. --北京：中国纺织出版社有限公司，2019.10（2024.4重印）

ISBN 978-7-5180-6351-2

Ⅰ.①好… Ⅱ.①魏… Ⅲ.①人生哲学—通俗读物 Ⅳ.①B821-49

中国版本图书馆CIP数据核字（2019）第126632号

责任编辑：闫　星　　责任校对：寇晨晨　　责任印制：储志伟

中国纺织出版社有限公司出版发行

地址：北京市朝阳区百子湾东里A407号楼　邮政编码：100124

销售电话：010-67004422　传真：010-87155801

http：//www.c-textilep.com

E-mail：faxing@c-textilep.com

中国纺织出版社天猫旗舰店

官方微博http：//weibo.com/2119887771

北京兰星球彩色印刷有限公司印刷　各地新华书店经销

2019年10月第1版　2024年4月第4次印刷

开本：880×1230　1/32　印张：5.5

字数：148千字　定价：59.80元

前言

有人说，人生就如同一部电影，而我们每个人都是自己人生的导演和唯一的主角，这里没有试镜、彩排、后期剪辑，每一分每一秒都是真人秀，然而，正是因为这样，我们的人生才是真实的、鲜活的、充满乐趣的，我们永远不知道下一秒会发生什么，然而，我们发现，有些人的人生似乎被“包装”过，他们活在他人的眼光中，跟着别人的脚步走，甚至说什么做什么，都“形式化”，他们永远举止端庄、笑不露齿、谦恭有礼、温文尔雅，也许我们将世间最美好的词语来形容他们都不为过，我们更看不出他们哪里不对，挑不出任何毛病，但却感到他们很无趣，好像一潭死水、波澜不惊。

相反，那些看上去并不“优秀”的人却总是能带给他人最新鲜的感受，他可以与你畅谈时政要闻，也可以八卦娱乐新闻，更会聊聊吃喝拉撒的世俗话题，偶尔恶搞一下自己娱乐他人，甚至会偶尔给你制造一点小惊喜，高兴时还会手舞足蹈，也许他们并不优秀，但你却觉得他们“有趣”，因为与他们聊天，永远有聊不完的话题，他们幽默、大方，也不用担心说错什么话，他们善于用乐观的情绪包裹自己，让你卸下防备和伪装，让你接收善意和能量。总的来说，与他们相处就是轻松的。

那么，这两种人，你更愿意做哪种人？很明显是后者。作家王小波就曾经把人分为有趣和无趣两种，做个有趣的人，不容易。

那么，什么是有趣呢？所谓有趣，就是有思想、有主见和有激情，跟这样的人在一起交谈，能得到新的想法和角度。曾经有位著名主持人在节目中谈到，在他所接触过的那些高端人群中，人们形容一个人很棒的最高评价不是他的身家背景，不是因为他是首富或者某某公司的高层，而是“这个人有趣，很有意思”；反过来，当说一个人没意思、无趣，大概那就是批评他最狠的话了。

其实，有趣和身份、地位、年龄无关。有趣幽默之人，可能并不是优秀杰出人士，不是名媛贵妇，并不是学者，但往往是富有理解力之人，也唯有这种人，方能从平凡的生活中寻出无尽乐趣，是值得生活一辈子，喜欢一辈子的。

不得不说，有趣是让我们平凡且短暂的一生绽放光彩的唯一途径，那些有趣的人，能闻到灵魂的香气、发现生活里的美好、看到世间的温暖，他们无论身处高堂，还是行走陋室，都能以平和的心态面对。

所以，不妨致力于变成一个有趣的人吧，对一切未知报以好奇，对一切不同持以尊重。去接纳并且喜欢自己，不再遮掩任何欢愉、尴尬、羞涩与失落，去做一些接地气的事情，让自己用心去喜悦，而不是表情，然后用你澎湃的生命力去唤醒周围的人，成为一个活力满满的乐天派。也希望有生之年，你能幸运地成为别人冗长生命里有趣的某某。

编著者

目录

第01章 活得有趣，才能活得精彩

生活中，我们发现有这样一些人，他们是人们羡慕的社会精英，拥有令人羡慕的工作和家庭，不为生活所忧，他们就是我们认为的优秀的人。然而，他们总是循规蹈矩、正襟危坐，举止行为不越雷池，甚至不敢说错话，这样的人，我们从他们脸上看不到笑容，因为他们很无趣。有人说，活得有趣，比一切优秀更重要，有趣也是我们对一个人最好的评价，因为没有人会拒绝快乐，所以生活中的每个人，都要努力成为一个有趣的人，娱乐自己，也给他人带来快乐。

永远别放弃做个有趣的人

生活中，我们在评价一个人时，可能会有这样的陈述：“那人没意思，无趣得很”，或者是“他真有趣，跟他聊天太开心了”。很明显，我们都喜欢亲近那些有趣的人，而远离那些无趣的人，因为有趣能给我们带来愉悦的体验，谁又会拒绝快乐呢？

然而，在生活中，我们能发现有不少这样的人，一和他们沟通，我们就想逃离，因为只要他们一开口，我们就能感受到他们内心的悲观情绪，谁都喜欢快乐而排斥被悲伤传染。例如，你本来和她谈谈家庭趣事，她却一个劲儿地唠叨她的婆婆是多么麻烦，怎么欺负她的；你说想去自驾游，她却说高速公路车祸的事，当心命都给丢了；本来你就想和他谈谈天文历史地理，他就会告诉你街角的那个老板是多么龌龊，把垃圾堆门口，天天为了一些鸡毛蒜皮的事跟邻居吵架……反正在他们的意识里，整个世界都是和自己作对的、充满危险的。他们常常会叹气、皱眉、咬牙切齿，做出双手交叉抱着手臂的防备姿势，长吁短叹地把你的心情搞得很糟糕。

所有有趣的事情，在他们的讲述里，都会变成一次陷害。

而其实，生活中的很多事，只要我们换个角度，根本没那么糟糕：比如下大雨了，你没带伞淋了湿透，你可以去反思是自己没带伞的原因，这样下次也给自己提个醒。可他们不会，他们会抱怨，抱怨雨水多大、路人多冷漠、都没人给自己借伞、自己内心多无助、路况多不好等。但同样的话题若换成一个有趣的人来讲述，他会挥舞着胳臂，幅度很大，像马戏团小丑故意引你发笑似地揩把雨水："今儿个咱给淋成落汤鸡了啊，哈哈哈哈，不过没带伞在雨水里走也像《雨中曲》一样的挺浪漫呢。"他还会和你聊聊这部电影，最后你们的话题会扩充成一次艺术之旅，结束得很轻松。

有人说，这世间的不幸，其实不是没有人爱你，不是交不完的贷款，不是生病了没人照顾，而是逐渐被苦闷的生活磨成一个无趣的人，自己却浑然不觉。做一个有趣的人远比做一个有爱的、有责任感的人更重要。

纵观历史长河，史上圣人出了不少，有趣的人可不多。

苏东坡是个有趣的人。古人有人生四大乐事之说，苏东坡则认为，人生赏心乐事不单只有四件，而有十六件：清溪浅水行舟；微雨竹窗夜话；暑至临溪濯足；雨后登楼看山；柳阴堤畔闲行；花坞樽前微笑；隔江山寺闻钟；月下东邻吹箫；晨兴半炷茗香；午倦一方藤枕；开瓮勿逢陶谢；接客不着衣冠；乞得名花盛开；飞来家禽自语；客至汲泉烹茶；抚琴听者知音。

从这十六件乐事中，我们可见苏东坡极热爱生活，乐观入世，也懂得享受生活，是不折不扣的有趣之人。

而现代社会，那些无趣的人，无论是在职场还是爱情中，都很难赢得别人的喜爱。

例如，有一位女士，恋爱时，她和男朋友相处，她每次希望男朋友拿主意时，男朋友总是应付一句：“随便，都可以。”回答总是一成不变。时间久了，她觉得这段恋爱毫无乐趣，人生短暂，要和有趣的人在一起，她无法想象和这样无趣的人在一起如何生活下去，最后这段恋情以分手而告终。

其实，有趣和身份、地位、年龄无关。有趣幽默之人，非道貌岸然的学究先生，往往是富有理解力之人，也唯有这种人，方能从平凡的生活中寻出无尽乐趣，是值得生活一辈子，喜欢一辈子的。

可能你听过这样一句流行语，叫你有没有什么不高兴的事情，讲出来叫我们高兴高兴。人生在世，谁都有那么些不快的事情，可如果你把这些都当做是一次好玩的历险，讲给那些也同样需要快乐刺激的人，就会活得特有滋有味。你的朋友圈子会越来越大，你的表达能力会越来越好，大家都会很喜欢你，甚至期待第二天睁开眼就能见到你，这样的人生才会越发有趣。

活着，就要做有意义的事

我们都知道，任何人想要生存都需要很多东西，例如食物和空气让自己的生命得以维持，但活着并不只是拥有生命。就像巴金曾经说过："我们不是单靠吃来活着。"那么，我们活着究竟是为了什么呢？

这个问题，不少哲学家进行过探讨，有的人说是为理想，为梦想；有的人说是为了诗和远方；也有人说是为了爱的人，但无论是为了什么，我们都在做有意义的事。只有做有意义的事，我们才能让人生变得有趣，才不会是一潭死水。

王小波说："一辈子很长，要和有趣的人在一起。"周国平说："在无趣的时代活得有趣。"打开朋友圈，还有更多的心灵鸡汤："有趣，才是高情商；有趣比一切优秀都重要……"在如今这个时代，我们都想做"不一样的烟火"，都想让有限的人生充实而有意义。

相信好多人都看过电视剧《士兵突击》，里面的主角许三多令我印象深刻，一个曾被人称为"三呆子"的兵，却在军营中创造了属于自己的历史。他的口头禅就是：活着就是做有意义的事，有意义的事就是好好活着。多么简单的一句话，多么富有深意的思想，而就是这种思想，让他一步步走向成功，那么，生活中的我们，为什么活着？怎样才算是有意义的生活呢？其实，这部电视剧里的连长说的一句话让我很有感触，他说：“许三多每做一件小事就像救命稻草一样抓着，等有天我回头一看，他抓着的已经是一棵让我仰望的参天大树了。”也许，这对许三多来说就是有意义的事吧，从不起眼的小事做起，从自我做起。

“不抛弃，不放弃”，不只是说给军营中的他们，也是说给我们自己的。不抛弃心中原始的信念，不放弃我们自己。这不仅是对自己许下的诺言，更是对自己的一种激励！

静是某城市一名农业技术员，20世纪80年代中专毕业后，一直做农业技术工作。90年代以后，先是农业结构调整，再是农业产业化经营，一波接一波的农村改革浪潮，使身处变革激流中的静感到了从未有过的压力。静原来中专的那点文化和技术底子捉襟见肘，越来越难以满足生产技术的需求。当一场历史性、社会性的变革到来时，把许多静这样的技术员淘汰掉了，而新一代具有高等教育学历的技术人才一批一批地走过来。

面临这样的境况，她决定自考，弥补自己的不足。人生的目标定下了，就得朝着它奋进。可是，在这个过程中，她遇到了很多问题，例如，如何处理学习和照顾子女的问题，那段时间她忙得焦头烂额，还有单位同事的嘲笑。但幸亏丈夫提醒她，让她专心学习，不要在乎外界的困难。刻苦的学习必定有收获，1999年，她取得了农业推广自考专业大专学历。而后，她又参加了一所师范大学举办的在职研究生课程班，专攻“政治学理论与实践”研究，2001年结业之后，她参加了计算机和外语培训学习，2003年参加全国成人高考，以优异的成绩被国内一所著名的农学院录取，进入园艺专业本科班学习。这些让她获得了丰厚的回报，毕业不久，她就走马上任当上了她所在市的农业局副局长。

没有信念和追求的人生是枯燥乏味、毫无意义可言的，假如静在当初和其他同事一样满足于一个农技员的工作，不重新为人生制定目标，或许她还是当初那个农技员，也或许她已经被时代和社会淘汰。因为有自己的目标，她把出现的困难搁置在另一边，努力过后，这些问题也就烟消云散。她是一个平凡的女人，一个平凡的农技员，但她却因为有不甘落后的人生目标，于是她成就了自己不平凡的人生。

可见，人的潜力是无穷的，如果你渴望做有意义的事，就要不抛弃，不放弃，对自己有足够的信心，这样，你才能让枯燥的人生变得春意盎然，才会实现自己的价值，发现人生的意义。

没人陪伴，就自己阳光

生活中，我们每个人都渴望能拥有甜蜜的爱情，真挚的友谊，都希望一生有良人相伴。然而，哲人说，我们最需要学会的是与自己相处，因为没有谁会与我们真正相处一生。因此，即便无人陪伴，我们也要做个有趣的人，让独处的时间有滋有味。

然而，现代社会，随着生活节奏的加快，竞争的日趋激烈，经济压力逐渐增大，人们穿梭于闹市之间，已经习惯了忙碌、灯红酒绿、觥筹交错的生活，也习惯了他人的陪伴，以至于在独处时显得内心慌乱、手足无措。而实际上，我们每个人都应该珍惜与自己相处的时间，因为群居得太久，我们很容易忽视自己的内心。

朱自清先生在散文《荷塘月色》中写过这样一段话："我爱热闹，也爱冷静；我爱群居，也爱独处。"人在独处之时可以想许多事情，可以不受他物的牵绊，让自己的思想尽情遨游，在深思熟虑中获得生命的体验与感悟。这便是孤独的妙处吧。

人们常说，"寂寞难耐"，为了避免寂寞，人们宁愿呼朋唤友，宁愿推杯换盏、觥筹交错，对于他们来说，是无法接受寂寞的，寂寞也是他们恐惧的。而反过来，我们如果能享受寂寞，在寂寞中修炼自己的内心，那么，无论外界是繁华还是静谧，我们都能守护好自己的心灵，什么都可以想，什么都可以不想。一人独处静美随之而来，清灵随之而来，温馨随之而来。一人独处的时候，贫穷也富有，寂寞也温柔。

凡是对寂寞感到恐惧的人，其实质是自己本身就很无趣，所以一个人的时候太无趣了，而假如他们能在寂寞中修炼让自己有趣的本领，那么，即使独身一人，也能将生活过得妙不可言。

实际上，寂寞是一种宝贵的情感，平庸的人总不能够享受寂寞，难以在寂寞中寻求灵魂的清静与成长，而内心淡定的人则能抓住难得寂寞的时间来洗涤自己的心灵，享受一个人美妙的世界！

可见，寂寞是一柄双刃剑，内心坚韧和从容的人能识别它给自己带来的益处。寂寞也是修炼内心和积累实力的最佳时机；而内心浮躁的人则会觉得寂寞的时光太无趣了，无趣的人却常常在寂寞中迷失自己的脚步，从而一蹶不振，脱离了成功的轨道。寂寞是喧闹世界的铺衬，就像绿叶对鲜花一样。

的确，我们每个人都背负着一定的压力，我们不得不四处奔波，硬着头皮在喧嚣的尘世中闯荡，长时间下来，我们疲惫不堪、精神紧张，却不知如何调节。事实上，调适心态的方法有很多，其中最为简单的方法之一就是尝试独处，给自己点时间，去享受生活，让生活变得有趣，具体来说，在独处时，我们可以这样做：

1.旅行。旅行可以增长我们的知识，我们在旅行途中或许能发现某些更符合自己内心愿望的爱好，而且在旅途中亲眼所见的风景就比只在书上看过或者听人说过更有触动性。另外，一个爱好旅游的人往往心胸更广阔，更有解决问题的弹性。

2.音乐。音乐作为一种艺术，它之所以能打动人，是因为它能以动感的声音方式表现出一种情感，它所蕴含的宁静致远、清淡平和，可以使终日奔忙、身心俱疲的现代人得到彻底的放松。

在音乐的圣殿中，我们能暂时忘记生活烦琐、工作生活的不顺心，能获得音乐给予我们的心灵滋养。音乐能够影响人的情绪、调节生理状况，经常听一些旋律优美、节奏轻快的音乐，不仅可以调节情绪，而且还可以稳定内环境，达到镇静、降压、催眠等效果。

3.舞蹈。当你随着音乐起舞的时候，你的乐感、音准、韵律、节拍的敏感度都能得到提高，脑部及身体协调能力也得到了锻炼。

4.读书。书是人类进步的阶梯，“腹有诗书气自华”，俗语“读万卷书，行万里路”也是这个道理，读书可以让你见闻广博，让你成为更有趣的人。

当然，除了以上方法外，我们还可以采用以下方法：

1.宁静调适法。你可以找一个安静的地方，完全放松自己的心情，做到身心放松，内心无喜无悲无怒。

2.主动休息。主动休息能增加身体的免疫能力，能及时获得能量，提升学习效率。

3.改善睡眠。你可以全身心放松地躺在床上，然后放平手脚，闭上眼，放空大脑，每天坚持联系，会有良好的效果。

4.巧用镜子。你可以站在镜子面前，然后深呼吸，重复三四次，凝神眼睛深处，告诉自己会得到想要的东西。

的确，纷纷扰扰的尘世中，每个人都应该给自己一个静下来的理由。生活中，我们要扮演好很多角色，很多时候，我们焦头烂额，手足无措。

总得来说，身处闹市，面对闹与静，我们一定要懂得忙里偷闲，懂得调节，让自己的生活有趣点，以此来感受生活中点点滴滴的美好。比如，一天繁琐的工作结束之后，你可以听听轻音乐，失落会在音乐中消散，沮丧会在音乐的荡涤中溶解，怀疑会在音乐中清除。也可以看看书，它会帮你寻找心灵的安顿，闯过生命的种种关卡，抵达心灵平静的彼岸，你便能保持心灵的宁静，多一份圣洁与执着，让我们身边飘过那沁人心脾的乐风！

活得有趣，比一切优秀更重要

生活中，你从来被教导要去做个优秀的人，要内外兼修、要腹有诗书、要仪态万方，可从没有人教过你，要去做一个有趣的人和如何去做一个有趣的人，将这无趣的世界活成自己的游乐场。

其实，做个优秀的人并不难，努力上进、学习知识、装点外在，这样我们就会赢得他人羡慕的眼光，而做一个有趣的人，却需要一副赤子般的热心肠。我们生活的这个世界，可能为你的优秀而略微屈服，却从不会因为你的赤子心肠让出一条路来，所以带上盔甲永远比坦诚待人容易，相信和接纳永远都比怀疑与拒绝更困难。

然而，真正受欢迎的依然是那些有趣的人，因为人生是自己的，生活是自己的，优秀的人未必快乐，有趣的人才能将生活过得有声有色。

莉莉失恋了，心情很不好，来找自己的闺蜜琳达诉苦。

“我就是想不通，他到底为什么喜欢她不喜欢我……”莉莉说这句话的时候，脸上还挂着眼泪，然后拿出包中的高级纸巾，擦掉眼泪，继续说：“我真宁愿他最后选择的是个比我强的人，至少让我输的心服口服啊。现在这算什么？算他瞎了眼还是她走了狗屎运？”

闺蜜琳达笑了笑，莉莉继续评论着情敌，恶毒地伸出纤纤玉指：“那女生大概有这么高。”她指指自己的肩膀。“大概有这么壮。”她比划出两倍的腰围。“胖出了双下巴！长得一点也不美，也没觉得有多聪明伶俐。”

琳达想安慰一下莉莉，就说：“喜不喜欢一个人，其实跟她美不美，优秀不优秀，没有绝对的关系。”

“那跟什么有关系。”

“跟这个人是不是有趣有关系吧，毕竟久处不腻比乍见之欢重要，有趣才会久处不腻。”

“那难道我没趣吗？”

“反正我们这些朋友跟你一起的时候，你永远都正襟危坐，永远都挂着标准笑容维持着优雅的身姿，永远都不会蹲在溪边玩水，喜欢讨论的是黑泽明的电影，阿西莫夫的科幻和黄碧华的小说，从来不屑谈论那些吃喝拉撒睡的世俗话题，也从未恶搞过自己去娱乐任何人。”

“这有什么问题吗？”

“确实很好啊，但是缺乏趣味了。”

听到琳达这么说，莉莉一脸迷惑地看着她，似乎又听懂了点什么。

和莉莉一样，大概生活中不少女性，都是内外兼修的美人，都有着精致的妆容，姣好的面容，婀娜多姿的身材，但却没有一颗玲珑心，最终在爱情上败给了那些看起来各方面条件一般般的女人，所以才无法输的心服口服。然而，正如琳达所说，爱情这种事，与优秀无关，而与有趣有关。所以，才有人说，有趣的姑娘最美丽。你只有成为一个有趣的人，才能遇到另一个有趣的人。因为有趣，就是人生中最高程度的优秀。

有趣原本就比优秀更难。我们每个人，可以努力，可以严肃，可以内向，可以通过一千一万种方式做个优秀的人，但是请千万不要舍弃自己的有趣。

一天，在某个少年宫门口，一个十五六岁的少年，背着小提琴包站着，他面容俊朗，可皱着眉头的神情像是个看穿红尘万念俱灰的老头，远处的草地上两只小狗在撒欢打闹，十分憨态可掬，他停下脚步站在那儿看着，飞快而短暂地笑了一下露出一点年轻人的朝气，一瞬间笑容敛去，又像是怕被什么东西抓住一般低下头匆匆赶路。

这样的少年，在长大以后，应该会成为一个很优秀的人吧，也会是世人眼光中有才多金的青年才俊。可是大概，他永远也不会成为一个有趣的人。像莉莉小姐一样，优秀着无趣着孤独着，在寻找另外一个优秀而无聊的灵魂。

他们大多半的生命力，都早已耗尽在每天维持成熟优秀的外在和与幼稚内心的死磕搏斗中，没有余力爱自己，也没有能力将自己的生命力展示给他人。

所以，不妨致力于变成一个有趣的人吧，对一切未知报以好奇，对一切不同持以尊重。去接纳并且喜欢自己，不再遮掩任何欢愉、尴尬、羞涩与失落，去做一些接地气的事情，让自己用心去喜悦，而不是表情。然后用你澎湃的生命力去唤醒另一个人。

第02章 五彩斑斓的世界，谁会拒绝一个有趣的人

人们常说，人生苦短要及时行乐，我们每个人都在追求快乐，也不会拒绝快乐，生活中，那些有趣的人也就更受欢迎，因此，我们要致力于成为一个灵魂有趣的人。这就需要我们在生活中能始终做自己，按照自己喜好的方式生活，不为世俗羁绊，我们的生活才会多姿多彩，周围的世界才会五彩斑斓。

兴之所至地活，才算精彩

日常生活中，我们都强调做事要有规划，要按部就班实现目标，为此，一些人慢慢把自己变成了一个循规蹈矩的计划的执行者，以至于让人生成为了计划的程序。也有一些人努力上进，马不停蹄地往前赶，他们不允许自己有丝毫懈怠，然而久而久之，他们把自己搞得精疲力竭。而事实上，人的一生须臾即逝，我们固然应该努力前进，但应该兴之所至地活。

季羡林曾这样写道：“每个人都争取一个完满的人生，然而，自古及今，海内海外，一个百分之百完满的人生是没有的，不完满才是人生。”有个人非常幸运地得到了一颗美丽而硕大的珍珠，但是，他却觉得很遗憾，原来珍珠上面有个小小的斑点。他想：若除去这个斑点，它应该是多么完美啊！于是，他慢慢刮掉了珍珠的一部分表层，可是，那个斑点还在；他又狠心地刮去了一层，而那个斑点还是没有消失。于是，他就这样不断地刮下去，到最后，斑点虽然没有了，但是珍珠也没有了。从此，这个人一病不起，临终前，他遗憾地对家人说：“当时我若不去计较那个小斑点，现在我手里就会拿着那颗美丽而硕大的珍珠啊！”然而，他的醒悟太晚了，很多时候，面对生活，我们需要的是“随遇而安”的心态，因为只有不完美才是真正的人生。

挑水工有两个水罐，一个完好无缺，一个有一条裂缝。

每天早上，挑水工都拎着两个水罐去打水，但到家的时候，有裂缝的水罐里只剩下一半的水了。所以，完美的水罐常常嘲笑那个有裂缝的水罐，而有裂缝的那个水罐也因此十分自卑。

终于有一天，在挑水工打水的时候，有裂缝的水罐难过地哭了。他对挑水工呜咽道：“真对不起，因为我的裂缝，每天浪费您很多时间。”

挑水工听了说：“不，没有浪费。不信，你可以看一下回家路上的那些鲜花。”说完，挑水工又拎着水罐往回走。

果然，有裂缝的水罐发现，不知道什么时候，自己这边的小路上开满了各种鲜花，而好水罐的那边却没有。挑水工边走边说：“我在你这边的路上撒下了花种，正因为你的裂缝，才使它们每天都喝到了足够的水，开出了美丽的鲜花。若不是你，我怎么可能每天采花，装饰自己的家园呢？”有裂缝的水罐听到这儿，高兴地笑了。

真正的美就是不完美，就像断了手臂的维纳斯，如果不是它的缺憾美，就没有那么多人驻足欣赏了。在这个世界上，凡事都有缺憾，万事万物并不存在绝对的完美。因此，即使受到命运的捉弄，我们也不必懊恼，不要心灰意冷而错过了成功的机会，留下终生之憾。智者从不完美起步，强者在不完美中超越，而只有那些愚蠢的人才会计较生活中的缺憾，因此，凡事随遇而安，不完美才是人生。

林清玄说："在人生里，我们只能随遇而安，来什么，品味什么，有时候是没有能力选择的。"我们应该学会随遇而安，这样我们就能够轻松地克服那些看似不可战胜的困难，如果自己不幸被生活中的黑暗所偷袭，那就当是一次尝试好了。毕希纳曾说："人啊，自然一点吧！你本来是用沙子和泥土制造出来的，你还想成为比灰尘、沙子和泥土更多的东西吗？"是的，学会自然一点吧，随遇而安，我们就能获得更多的幸福。随遇而安，不是一种盲目的乐观，而是一种对待生活的态度，它是一种来自心底的信念。

要做到随性生活，我们首先要学会放弃。

有人说，生活其实就是一条水流湍急的河，在河中的人难免被涡轮转得头晕眼花，可是站在河堤看河水感觉却不过如此，学会适时放弃一些东西，生活中自然就会多了很多选择。人生没有不可以放弃的东西，也没有什么是不可以从头再来的。放弃的背影不尽然全是悲伤，无意间会漏出暗自偷闲的喜悦。

其次，随性生活，就要内心坚定，不患得患失，我们可以少一些理性，多一些随心所欲，目光可以涣散，内心却要坚定的知道自己要的是什么。人是可以这样活的，可以先跨出去，然后再静下来看心的方向，没有必要后悔，因为往前走你就会有得到。人生风景无限，错过这边的却得到那边的，这就是人生。

或坐，或卧，或对饮，或畅谈，无论怎样都是绝对的自由自在。你设计过你的人生吗？你是否在沿着你设计的路小心翼翼地走着？有多少人是设计了然后坚持不懈地走到了终点？生活中有无数的细节，你是否有未卜先知的超人力量，来符合你设想的每一步？所以放弃那些中规中距的束缚，只要认真地热爱生命，就会发现人生的惊喜。可能你会说，这样做是不是不诚挚？是否是没有认真对待生活的表现？人的每一阶段都有不同的精彩，如果这些行为是年少的轻狂，那就轻狂吧，只要觉得快乐，当你再回头来看的时候不会觉得身后的日子是苍白的。

无论何时何境，保持灵魂的高贵

有人说，这个世界上有很多种美，长相出众是一种美，盛开的鲜花是一种美，怡人的风景是一种美，而哲人说，最美不过灵魂的高贵。任何一个人，无论何时何境，如果都能初心不改，无论外在世界怎么动摇，他的心不被动摇，那他就是美丽的使者，这样的人才是鲜活有趣的。

那么，怎样的灵魂才是高贵的灵魂呢？所谓高贵的灵魂，就是拥有与生俱来的善良、真诚、无邪、进取、宽容、博爱之心，体现在爱情、事业、生活等方面，提醒人们去感恩，去看清人生与自身。

的确，我们的心态总是不断地接受着来自物质的考验，很多时候，我们在追求目标的过程中，可能并没有意识到自己的心灵已经被那些虚幻的美好理想束缚了。生活远没有理想那么简单，理想的存在固然可佳，可我们更要做的是如何让理想接受现实的催化。就像一件被打造的利器，不经过熟火的炙烤、重锤的锻造怎么能固握在战士的手中？清空你的心灵，再行注满，你就会接受失败的馈赠，成功的赏赐。

在遇到一些问题的时候，可能你不知如何下手，不知如何解决，那么你不妨抛弃那些摇摆不定的想法，问问自己的心，这才能保证你的选择是正确的。

曾经，在哈佛大学发生过这样一个真实的故事：

1986年对于哈佛大学所有的师生来说是个特别的一年，因为这一年正是哈佛大学建校350周年，里根总统被邀发表演说。但让哈佛的教授和校长们感到诧异的是，里根总统居然提出了一个要求，他希望自己能成为哈佛大学的荣誉教授。很明显，一向以学术水平为基准来聘用人才的哈佛大学拒绝了里根的要求。当然，里根并没有来参加校庆。

试想，如果换作某些大学，总统提出担当名誉教授的要求，有几家能够坚持聘任教授的原则而拒绝呢？在政治化、商业化的熏染下，许多大学开始向行政机构蜕变，学术自由、崇尚真理的大学传统正在经受挑战。哈佛人死守自身的原则，才更显其伟大。

北宋时期著名的文学家和政治家晏殊，14岁被地方官作为"神童"推荐给朝廷。他本来可以不参加科举考试便能得到官职，但他没有这样做，而是毅然参加了考试。事情十分凑巧，那次的考试题目是他曾经做过的，得到过好几位名师的指点。这样，他不费力气就从上千名考生中脱颖而出，并得到了皇帝的赞赏。但晏殊并没有因此而洋洋自得，相反他在接受皇帝的复试时，把情况如实地告诉了皇帝，并要求另出题目，当堂考他。皇帝与大臣们商议后出了一道难度更大的题目，让晏殊当堂作文。结果，他的文章又得到了皇帝的夸奖。晏殊当官后，每日办完公事，总是回到家里闭门读书。后来皇帝了解到这个情况，十分高兴，就点名让他做了太子手下的官员。当晏殊去向皇帝谢恩时，皇帝又称赞他能够闭门苦读。晏殊却说："我不是不想去宴饮游乐，只是因为家贫无钱，才不去参加。我是有愧于皇上的夸奖的。"皇帝又称赞他既有真实才学，又质朴诚实，是个难得的人才，过了几年便把他提拔上来，让他当了宰相。

晏殊为人诚实，表里如一，不弄虚作假，这是我们应该学习的。拥有纯真高贵的灵魂的人，他们的人生是有趣的，是真实的，而不是随波逐流、死板的。因此，生活中的人们都要从心出发，坚守本心。

那么，我们该如何坚守高贵的灵魂呢?

1.要树立正确的做人做事原则。

在社会生活中，不管干什么，都要有自己的原则。这是责任心的表现。这里的原则既包括办事的方法，也包括为人、处事的立场、主见。这就要求我们不仅不能一味地迁就、顺从别人，还要监督他人不做违背原则和纪律的事。

2.以身作则，让他人觉得你是个有原则的人。

生活中，我们对那些做事原则性强、说一不二的人总是充满敬畏之心，他们说的话似乎分量更重。己所不欲勿施于人，如果你自己都不做遵纪守规，又怎能要求别人呢?

3.严格约束自己的行为。

做个有趣的人，不循规蹈矩，并不是说就放任自己的行为，我们必须要守纪、守信、守法，文明礼貌，正直不阿，坚守原则。

4.坚守本心，随性生活。

很多时候，我们之所以不快乐，是因为找不到自我，盲从他人，而一个灵魂有趣的人，他的思想是独立的、自由的，他们追随自己的内心，随性生活，这样的灵魂也是最美的。这样的人更容易成为受人欢迎的人。

当喜则喜，率真的人更有趣

可能每个人都曾被告知，年轻不可气盛，要低调，要追求完美和成熟。诚然，这是我们应该遵循的处事原则，但这并不意味着我们要压抑自己的喜怒哀乐。哈佛大学一位教授曾说过："我每次上课都很紧张，因为我害怕被发现一些内心的感受，总是被自己搞的很累，学生们也很累，我极力想表现自己完美的一面，争取做个'完人'，但每次都适得其反。其实，打开自己，袒露真实的人性，会唤起学生真实的人性。在学生面前做一个自然的人，反而会更受尊重。"的确，人无完人，追求完美固然是一种积极的人生态度，但如果过分追求完美，而又达不到完美，反而会变得毫无完美可言，你也会成为一个无趣的人。

日本京瓷公司的创始人稻盛和夫说："如果感恩之心是幸福的诱因，那么率真的态度也许是进步之母。即使是刺耳的话也以谦虚的态度聆听，当改之事就在今日立即改正，不拖到明日。这种率真的心态能提高我们的能力，改善我们的心智。"

实际上，稻盛和夫自己也是个率真的人。当他还是个研究人员的时候，每次当他做完一个实验并得出惊人的结果时，他都高兴得雀跃起来，甚至手舞足蹈。他的助手对他的这一行为很是不解，只是冷眼看着他。

一次，稻盛和夫又高兴地跳起来，他看到冷静的助手，便对助手说“你也高兴高兴呀”，助手露出一副无所谓的表情瞟了他一眼，吐出一句话：“你是多么轻率的人。你总是为一点小小的成功就高兴得不得了。一个男人高兴得跳起来的事情，一生中可能有一二次就不错了。像你这样动不动就高兴，只会让人觉得轻率。”

听到这话的瞬间，稻盛和夫感觉浑身上下被泼了一瓢冷水。但是，他很快恢复神态，对助手说：“你说得很对，但我认为取得成果时，哪怕成果再小，还是单纯、率真地高兴为好。即使多少有些轻率，但是发自肺腑的高兴、感恩之心，是继续从事踏实的研究和勤恳的工作的动力。”

这就是稻盛和夫的人生哲学。生活中的人们也应以保持率真的心态，即使是小小的喜悦之情，也应要表达出来。这才是真实的你，真实的人生。

的确，不完美的人生才是真实的，率真的人才具有真性情，人们大多愿意和这样有趣的人打交道。

从心理学上来讲，虽然任何人都喜欢听好话，但没人有愿意听假话。现实生活中，人们更愿意与那些做人做事光明磊落、真性情的人交往。而对于那些苛求完美、从不显露自己的脾气、秉性的人，人们则敬而远之。因为人们都知道，“金无足赤，人无完人”，那些“趋于完美”“毫无瑕疵”的人虽然在为人处事上并未有多少过错，但未免显得不够真诚，他们虽然优秀，但不可爱。因此，与人打交道，我们一定要做到真情流露，说真话、做真事，有情绪也不要刻意压抑。我们不妨先来看看下面的职场故事：

萧红是一名广告公司职员，这家广告公司在业界享有盛誉，其实，当初萧红和众多职场新人一起挤破了脑袋进了这家公司，也并不是因为薪水高，而是因为她觉得自己需要磨练，需要一个地方增长自己的能力。而这家实力雄厚的公司成了她的首选。

但实际上，和其他员工一样，萧红对高薪水也是充满向往的。她知道，公司每个人的薪水都是不同的，而她是一名刚走出校门的学生，又没有工作经验，在这里的薪水自然是最低的。但萧红相信，总有一天她会一点点将自己的薪水提高，于是，她一直埋头工作着，并未显示出自己对薪水的不满。

有一天，当她正在食堂和同事们一起吃饭的时候，一个五十岁左右的老人端着饭坐在了萧红的旁边，萧红也觉得奇怪，她并没有见过这个老人。

老人主动找萧红说话：“小姑娘，在这上班没多久吧，习惯吗？”

一看老人这么和蔼，萧红也不好拒绝，就聊了起来：“挺好的，同事之间，也都相处得很好。只是……”

“只是什么？”老人好奇地问。

“工资太低了，都不够我一个月生活费！”萧红见是个陌生人，领导又不在，也就脱口而出了。

“是吗？”

“是啊，不过其实也没什么，大家的标准都是一样的，我目前还没有资历拿高工资，而且我们不能一味为工资而工作，更重要的是提升自己的能力，提升工作的质量。”萧红一口气说完了这些。

老人听完笑了笑。等老人走后，有个主管跑过来对她说，那个老人是集团的董事长，萧红觉得自己惹麻烦了，急得像热锅上的蚂蚁，但是急也没用了，只能等待“死讯”的来临。

但奇怪的是，萧红并没有收到解雇的通知，反而，第二天经理召开了会议，公司大大小小员工都参加了，萧红在会上又看见了那个老人，老人说：“直到昨天，我才知道，原来这些年来公司的员工的薪资水准还停留在五年前，这明显是不合理的嘛，怎么一直没人跟我说？幸亏昨天有个年轻人跟我说了这些。”萧红当时很害怕，以为董事长要在会上当面批评自己，原来是夸奖自己，后来，董事长宣布大家都提升一个工资水准，就这样，萧红成了公司同事眼中的“大功臣”。

故事中的新员工萧红可以说是歪打正着，本来在公司谈薪水是很忌讳的事，但她一番无心的话却让自己涨了工资，还成为同事眼中的“功臣”。但我们发现，她虽然讲的是一些脱口而出的话，并未进行深入思考，但是却深得人心，领导听了也能欣慰地接受。

总之， 每个人在生活中都有自己的位置，每个人都扮演着不同的角色，在自己的世界里，我们是主角，在别人的世界里也许只是龙套。当喜则喜，活出真正的自己，才是有趣的人，也才能拥有有趣的生活。

永远做自己，保持个人魅力

我们都知道，我们所生活的是一个讲究包装的社会，在这样的环境下，一些人把自己摆错了位置，总要按照一个不切实际的计划生活，总是希望自己能成为他人眼中完美的人，认为这样就会受欢迎。于是，他们总要跟自己过不去，所以整天郁闷不乐。而快乐的人之所以快乐，就是因为他们能正确地认识自己，从而摆正自己的心态，他们懂得享受生活，懂得把握当下。我们应该做自己喜欢的事情，不在乎表面上的虚荣，只做自己，成为一个有趣、快乐的人。

在很多时候，我们会特别羡慕那种所谓的“好人缘”，似乎每个人都能与他聊到一块去，他说的每一句话，所做的每一件事，都是以大家的目光为标准。在公司，上司说这个方案不行，他一句话不说，马上改成了上司喜欢的方案；挑剔的同事说他今天的打扮好像不太和谐，第二天，他就真的换了一套同事喜欢的服饰；在家里，爸妈说他新交的女朋友没有固定的工作，他就真的决定与女友分手，重新找了一个能让父母觉得满意的女朋友。在这个过程我们都会发现，他不过是因为太在意别人的目光而讨好身边的人而已，他已经逐渐失去了自我，而这样的人又怎么会快乐？还有什么魅力可言？我们来看下面这个案例：

娜沙新交了个男朋友，因此这段时间正沉浸在甜蜜的爱情之中，娜沙很看重这个新男朋友。确实，这位年轻的小伙子不但仪表不俗而且事业有成，是许多姑娘梦寐以求的白马王子。当然，小伙子也很喜欢娜沙，因为她性格温柔，看起来很淑女。

有一次，娜沙和男朋友一起看了一场电影，回来之后，小伙子一直说电影中的女主角真不错，把一个泼辣果敢的女人塑造得活灵活现。娜沙听完之后，心中就以为自己的男朋友一定喜欢那个类型的女人，于是，她决定改变自己。

但是，就在她改变的第三个月，男朋友提出和她分手，理由是受不了她的泼辣。娜沙委屈地说，自己所做的一切都是为了他，因为他曾经说过喜欢电影里那种类型的女孩子。小伙子这才明白过来，他对娜沙说："你就是你自己，干嘛要学别人？我说那个女主角不错，是因为她不过是虚构的一个人物，而你却是实实在在的，我当初之所以选择你，那是因为你的温柔，然而你却放弃了自己，对不起，现在的你我无法接受。"

每个女人都想将自己最漂亮、最有魅力的一面展示给自己喜欢的男子，这是不可否认的事情。但是，假如女人不能保持住自己的一贯风格的话，那男人的心很快就会溜走。理由很简单，因为你没有什么地方真正让他痴迷。所以，女人要想让男人为你着迷，最好的办法就是让自己保持独特的魅力。女人要想保持自己独特的魅力，那就要根据自己的外形条件和内在气质来选择着装，将自己最有魅力的一面展示给男人，而不是随波逐流，盲目追求时尚潮流。

在现实生活中，不少人对自己没有正确的认识，往往把羡慕的眼光投向别人。为了让自己充满“魅力”，他们不惜活成别人喜欢的样子，但是，模仿毕竟是模仿，你本该是你自己，正因为是你自己，你才是有趣的，否则就成了无趣的复制品。

所以，不管怎么样，请保持自己独特的个人魅力吧，那才是吸引人的杀手锏！

威廉·詹姆斯曾说过这样的话：“一般人的心智使用率不超过百分之十，很多人都不了解自己到底还有些什么才能。人们往往对自己设限，因此只运用了自己身心资源的一小部分。实际上，我们拥有的资源很多，但却没有成功地运用。”

心理学家称，我们每个人都不应该过分苛刻地要求自己，更不要活在别人的眼光中。这也正如但丁所说的：“走自己的路，让别人去说吧。”如果你时时关注自己在他人眼中是否足够完美，你最终一定会殚精竭虑、身心俱疲。其实，生活的目的在于发现美、创造美、享受美，而不善于发掘自己的闪光点和长处，就难以找到真正的美。

每个人内心的自卑不是来自于其经验或者事实，而是来自于其对事实的结论或者看法，比如，你没法唱出动听的歌声，无法在世界级的舞台上翩翩起舞，但这并不代表你是个没用的人，你所有负面的想法都是来自于你拿别人的标准在衡量自己。

好莱坞著名导演山姆·伍德表示，对于他来说，最头疼的事就是让那些年轻的演员保持自我，他们每个人都想成为翻版的拉娜·特勒和克拉克·盖博，可是观众想要点“新鲜的味道”，而不是那种他们已经“尝过”的。既然我们有那么多未被开采的潜能，你又何必担心自己没有趣味呢？

第03章 培养点兴趣爱好，帮你打败生活的平淡无奇

我们都知道生活本质上是平淡无奇的，充满了柴米油盐酱醋茶，不少人抱怨，生活怎么这么无趣。其实，生活也可以很有趣，只是我们自身放弃了有趣的选择。我们每个人的身体里，都住着一个追求有趣的灵魂，他们或爱琴，或爱棋，或爱书，或爱画，只要我们拾起那些昔日的兴趣爱好，你还会成为那个充满文艺气息和灵性的人。

文艺修养让你更有灵性和趣味

有人说，任何一个人，如果太普通，毫无趣味可言，他们的一生就会像胶卷一样，属于自己可以做主的部分很少，而一个以文学艺术为爱好的人，他就会变成一个有趣的人，也会在举手投足间展现吸引人的特质。

人生短短几十载，所有人都会随着时间的流逝而衰老，但一个人由内而外散发出来的气质是可以永存的，聆听过古典音乐的耳朵，欣赏过世界美术作品的眼睛，吟诵过唐诗的嘴巴，由时尚杂志培养的品味，所表现出来的优雅和高贵，是经得住岁月的检验的，这样的人是有趣味的。

我们可以发现，那些有趣的人，他们不会人云亦云，而是善于思考，对待问题有自己独特的人生见解和处世智慧，他们浑身散发着活力，更有一个丰富的内心世界。与他们聊天，就如同读一本书，永远不会无聊。

那么，我们该如何成为一个有趣的人呢？方法多种多样，像那些有文艺气息的人，无论什么再忙碌，他们也会用文艺来丰富自己的心灵，因此，他们的生活绝不是枯燥无味的，无论在人生的什么阶段，他们总是能散发出与众不同的气质。

可见，我们每个人都应该培养自己的文艺气息，这是我们珍贵的权利，也能帮助我们在平淡无奇的生活中增添一些色彩。

凤凰卫视当家主持陈鲁豫就是个喜欢城市并且爱好广泛的人。

她说，曾经喜欢三毛，喜欢三毛笔下神秘的异域风光，甚至于喜欢三毛的流浪，那是一种最好的人生状态。而三毛所受的一切苦难，都被她单纯且同样浪漫的心灵给过滤掉了。后来因为做了电视主持人，有了机会和三毛一样地周游世界，才发现，她是不能离开城市半步的。如果到一个没有人烟的地方，譬如沙漠吧，她会立刻惶恐，感觉不到城市的脉动与呼吸，她整个人会立刻窒息。因此不能想象三毛竟然可以那么乐观地行走于大漠荒野之间。因为喜欢城市的丰富与美丽，如果自己选择出门旅行，她大半会去世界各地的大城市，尤其喜欢欧洲。欧洲的古老文化与现代文明是如此和谐地统一着。

“我的兴趣比较广泛，一切只要是美的事物，我都喜欢。也许正是如此，在我工作、生活中遇到困难，感到太疲惫、太压抑、太困惑时，我就用自己的喜好来调整自己。人不一定要赚到很多钱时，才会得到自己想要的东西。我没赚到太多的钱，也没花太多的钱，一样得到快乐。在我工作遇到瓶颈时，为了让自己不因为工作的困顿压倒自己，在走访市场时，我从郊外采来野花野草什么的作为插花材料，很有创意的插上一盆野韵十足的盆景，摆放在办公室里，增添一些生机。那时，公司里已经由原来的十几号人只称下几个人了，我不喜欢办公室里太沉闷，还是说说笑笑的，一边搞我的插花创意。”

这就是真实、坦率的鲁豫，习惯于城市的生活，丝毫不掩盖无法适应三毛笔下的撒哈拉，鲁豫的爱好也是独特的，走在巴黎的大街上，她觉得好像是走进了一幅画。坐在路边的咖啡馆里，她可以长时间一动不动，只为静静地欣赏窗外美丽的风景。

我们可以发现，那些有自己的文艺爱好的人，往往散发出某种领域的特殊气质：音乐爱好者本身就犹如一首古老的曲子，让你领略那抑扬中的美感；爱品茶的人本身也如一壶清茶让你品味那淡泊中的甘甜；旅游爱好者就犹如冬天里高空上的红日让你感受那缕缕温暖；懂绘画艺术的人就如同一幅国画让你欣赏那唯美的朦胧；爱读小说的人就如一本浓情的小说让你不忍释卷。然而在竞争激烈节奏加快的现代社会里，不少人都忙于追求名利追求物质，却忽略了自己的内心，而当一个人独处时，可曾想过有否错过生命中更重要的东西？

阅读——文字是世界上最为美妙的东西

有人说，人的灵魂不能浅薄、庸俗、无聊，它永远在追求最高尚的东西，而让灵魂有趣的方法就是读书，书是人类进步的阶梯；书是智慧的殿堂，珍藏着人生思想的精华；是金玉良言的宝库。另外，读书还能净化我们的心灵，当我们内心浮躁不安的时候，不妨让自己徜徉在书的海洋中，你会发现，文字是世界上最为美妙的东西。

被誉为“中国五千年第一大才女”的宋代词人李清照与其丈夫赵明诚的结缘就是因为诗书。

李清照出生于一个爱好文学艺术的士大夫家庭。父亲李格非进士出身，是苏轼的学生，官至礼部员外郎，藏书甚富，善属文，工于词章。母亲是状元王拱宸的孙女，很有文学修养。由于家庭的影响，特别是父亲李格非的影响，她少年时代便工诗善词。

一日，赵明诚与李清照从兄李迥外出游玩，在元宵节相国寺赏花灯时与李清照相识。赵明诚早就读过李清照的诗词，本已赞赏不已，此时一见，便产生了爱慕之意。赵明诚回去后，便以“言与司合，安上已脱，芝芙草拔”的字谜方式，委婉地向父亲谈及此事。赵挺之恍然大悟，便派人去向李清照求亲。于是，在李清照十八岁时，与赵明诚结婚。婚后，清照与丈夫情投意合，如胶似漆，“夫妇擅朋友之胜”。

婚后二人感情和谐，以收集金石字画作趣。后因政治因素，赵氏亲属被迫隐居乡里，赵明诚和李清照来到青州定居下来。赵家由显贵变成了普通百姓，对他们而言，却是因祸得福。他们把全部的精力都投放在金石、字画和古玩上。赵氏夫妇每得一本奇书，便共同勘校，整理题签，搭配书画器物，互相给予评价。同时，夫妇二人在饭后还时常坐在归来堂中烹茶。两人指着满屋的书籍互相拷问对方，猜中的人先饮茶，以此为乐。赵、李二人还互比文采。李清照曾作《醉花阴》一词，尤其以“人比黄花瘦”一句最为经典。赵明诚读后，赞叹不已，却又想胜之，便闭门谢客，废寝忘食三天，最后得词五十首，叫人评鉴，友人品味后说：“只三句绝佳。”赵明诚忙问是哪三句。友人回答后，赵明诚不禁哑然。原来是李清照的“莫道不消魂，帘卷西风，人比黄花瘦。”赵明诚由此更钦佩妻子的才学。

李清照与赵明诚之间的这段姻缘一直被人们传为佳话，我们也可以发现，无论男人女人，读书都会使其生活情趣高尚，很少持续地去叹息忧郁或无望地孤独惆怅，重要的是拥有健康的身体、从容的心态。

哲人劝说我们：多读些书吧，读些好书。因为，书能给我们带来心灵最深处的滋养，当你被尘世所烦恼的时候，书会带你步入一个世外桃源，一个脱离了纷扰现实的精神殿堂。具体说来，可以帮助我们达到以下几个境界：

1.读懂书，读懂自然

自然能净化人的心灵，让人返璞归真。自然的一切声音：风声、雨声、松涛声、犬吠、鸡鸣、蟋蟀叫都是动听的。听到它们的时候，是心情最宁静的时候。这宁静，是没有争逐的安闲，是没有贪欲的怡然。这些属于自然的美妙，只有爱读书，远离尘嚣的女人才能听得懂、看得到。因为从书中，她们也在感受着自然：红梅傲雪沐浴晨光中，觉天地一片灿烂，心神清新而明朗；徜徉晚霞里，感到人生无限温暖，精神愉悦而高洁。即使坐在屋内读书，也要靠窗而坐，用心去依靠那一树摇曳的翠绿，去接受那清风的吹拂。

2.读懂书，读懂世界

爱读书的女人看世界，觉得天蓝、地阔、人美。她把生活读成诗，读成散文，读成小说。对生活，她真心投入，用心欣赏，心里从不设防；对世人，她不装腔作势，不阿谀奉承，总透着一身书卷气。

3.读懂书，读懂自己

只要心境能保持年轻，对于年华的逝去就会无所畏惧。高尔基说：“学问改变气质。”看来，读书是女人永葆青春的源泉。读书又是不分年龄界限的，年年岁岁都是女人读书的芳龄，永远是一份不过时的美丽。

4.视读书为人生最大的快乐

将读书视为人生最大的快乐，当别的女人正津津乐道时尚流行、张家长李家短时，只有你能定下心来，让自己陶醉在书的世界里，洗涤自己，充实自己。

其实，爱上阅读并不是什么难事，关键是你要学会读什么书，怎么读书，慢慢养成良好的读书习惯，你就会爱上读书。为此，你不必刻意追求读书的数量。我们不得不承认，现在市场上充斥着各种书刊，但真正有品位，适合鉴赏的寥寥无几。

约翰逊医生说：“一个人的后半生取决于他读到的第一本

书的记忆。”因此，你需要记住，如果一本书不值得去阅读，就大可以不读，否则，你只会让自己装了一肚子的书，却解决不了生活中的一个小问题。对此，你可以寻求外界帮助，找出自己喜欢并优秀的文学作品，而不要浪费时间阅读垃圾文字。

另外，要学会带着感情阅读，这有利于培养自己的表达能力以及想象力。另外，你还可以写一些读书笔记，写出自己的感受。再者，睡前阅读是最佳阅读时机，浅睡眠时期最容易进行无意识的记忆，因此睡前的阅读一定要把握。

有人说，和书籍生活在一起，你永远不会叹息！的确，只有书籍才有如此巨大的力量，无聊的时候翻开书，引人入胜的故事会消除你的孤独与落寞感；迷茫的时候翻开书，大师们会为你解读人生，诠释生命，告诉我们生存的意义何在，人生的价值何在，为我们指引前进的方向，照亮我们前行的航向。

音乐——音乐让你保持内心安宁

现代社会中的人们，每天都必须面临繁重的工作压力和生活压力，难免会有情绪低落或者内心烦躁不安的时候，那怎样才能让人们拥有一颗安宁的心呢？我们发现，生活中，那些爱音乐的人总是生活得恬淡、舒适，总是能将自己置身于静谧的世界中。

音乐爱好者往往很注重对自己，家庭环境节奏性的表现。说话的语调柔美，声调抑扬顿挫，富有极大的磁性，语言逻辑严格，条理性很强，使周围的人们容易接受，心里感觉也比较舒服。

音乐是人类最美好的语言。听轻松愉快的音乐会使人心旷神怡，沉浸在幸福愉快之中而忘记烦恼。放声唱歌也是一种气度、一种潇洒、一种解脱、一种对长寿的呼唤。

在古希腊，人们相信音乐是神赐予的。传说中，奥菲斯弹奏阿波罗送他的那把七弦琴，可使野兽平静、树木跳舞、河水停止流动。他的音乐深深地打动着人心，可谓余音绕梁、三日不绝。人们甚至相信，他曾用自己的音乐说服了阴间之神释放他心爱的尤莉狄斯。

可见，音乐是一种可以唤醒沉醉灵魂的力量。音乐作为一种艺术，它之所以能打动人，是因为它能以动感的声音方式表现出一种情感，它可以使终日奔忙、身心俱疲的现代人得到彻底的放松。作为奔波于现代闹市中的人们，一定要懂一点音乐。在音乐的圣殿中，我们能暂时忘记生活的烦琐，工作生活的不顺心，能获得音乐给予我们的心灵滋养。

陈女士经营着自己的一家公司，公司虽然已经有了一定的规模，但很多事情还必须由她亲力亲为，为此，她每天都必须游走于各个谈判桌、饭桌之间，不停地出差，不停地坐飞机，她已经厌烦了这种生活，甚至说恐惧。她觉得自己必须要放松一段时间了。于是，她开着车，带上读书时代最爱的小提琴，来到了离市区很远的河边。

听着潺潺的流水声、空谷中鸟儿的啼叫，呼吸着新鲜的空气，陈女士拉起了小提琴，那些熟悉的旋律又浮现在脑海中，那些所谓的客户、订单、酒桌等都抛到脑后的感觉真好，不知不觉间她在车上睡着了，醒来后，她感到了前所未有的放松，她心想：也许只有音乐能让自己的心静下来。

从那次以后，陈女士重拾了自己当年的爱好，每周末，她都会花上半天的时间练小提琴，陶醉在自己的音乐里。

生活中，很多人都和陈女士一样，因为工作和生活，不得不四处奔波，硬着头皮在喧嚣的尘世中闯荡，长时间下来，她们疲惫不堪、精神紧张，却不知如何调节。其实，如果你能听听音乐或者学习一门乐器，你的心情也会得到舒缓。

另外，在医学上有个著名的音乐疗法，所谓音乐疗法，指的是通过生理和心理两个途径来治疗疾病，一方面，音乐声波的频率和声压会引起生理上的反应；另一方面，音乐声波的频率和声压会引起心理上的反应。听音乐时，音乐能够启动大脑的情感中枢，这一大脑区域与人体在受到食物、性以及麻药甚至毒品刺激下变得异常活跃的区域完全一致。这一发现具有非常重要的意义，因为音乐不会像药品那样直接对大脑产生作用，所以这种间接作用就显得更为神奇。

音乐疗法是一种令人感到愉快的自然疗法，它能提高大脑皮层的兴奋性，可以改善人们的情绪、振奋人们的精神。同时，音乐疗法有助于消除心理、社会因素所造成的紧张、焦虑、忧郁、恐怖等不良心理状态，提高应对能力。

音乐治疗在以下几个方面的疗效是显而易见的：有助于释放情绪，提高自我表达能力；减压、排忧解困；改善身体和情绪功能，提高情商；改善人际关系的能力及处事技巧；减少不恰当行为及增强自制力；激发学习兴趣，提高身体灵活性；增加专注力与定力；强化个性气质；加快自我成长，提升自我价值，确定人生方向；缓解并医治身体的各种病症。

总之，任何一个行走于世的人，都应该偶尔静下心来给自己一段时间感受音乐的魅力，它会让你摆脱世俗的压力，获得一份安宁的心。

绘画——感受绚丽多彩的艺术世界

现代社会是个多元文化交错、流行趋势不断变更的社会，我们任何一个人都不可能只接受单一的某一种文化，更不可能永不停歇地追逐时尚潮流。真正有着有趣灵魂的人不会人云亦云，也不会无聊时就呼朋唤友、推杯换盏，而是会在日常的生活中经营自己的某一项爱好，我们就发现有这样一些人，无论外在世界如何变化，他们总是能找到让自己沉浸的方法；他们不羡慕他人住豪宅、开好车，不羡慕他人穿着华贵，他们的一身粗布衣上总是沾满了颜料，但他们似乎具有某种魔力，经过他们点缀的空白纸张立即栩栩如生；当周围的一些他人感叹内心空虚、时光逝去时，他们却因为审美、绘画技巧的提高而欣喜若狂……他们爱艺术，尤其爱绘画，因为他们觉得画纸上的一切才是永不过时的美丽。

懂绘画艺术的更懂得生活，他们懂得该工作时工作，该乐活时乐活，而他们乐活的方式就是绘画。因为只有在绘画时，他们才能感受到生活的乐趣，他们积极乐观，有着始终向上的心境。他们更懂得，无论何时都要充实自己，认真地爱自己，用艺术来丰富自己的人生。

在18世纪的法国，有个著名的女画家，她叫伊丽莎白·路易丝·维热·勒布伦。1755年出生在艺术之家，学画肖像画成名后，被选为法兰西皇家绘画雕塑学院院士。许多著名的艺术院校都聘请她为"荣誉教师"，她是法国最杰出的女画家。

伊丽莎白·路易丝·维热·勒布伦1779年开始为王后玛丽·安托瓦妮特画肖像，成为玛丽·安托瓦妮特王后的好朋友。这给年轻而又漂亮的伊丽莎白·路易丝·维热·勒布伦带来极大的荣誉和地位，从此踏入了巴黎的上层社会，皇室和贵族纷纷请她画像。法国大革命开始后她流亡国外，在流亡期间也没有停止绘画，欧洲各国的皇室和贵族们都为能得到她所画的肖像而感到荣幸。1801年返回巴黎后，伊丽莎白·路易丝·维热·勒布伦仍致力于肖像画。一生共创作了八百多幅作品，其中大多是肖像画。对于她笔下的肖像画，世界艺术家协会主席吴国化称赞她："充满个性、真实感人、惟妙惟肖、巧夺天工。"

晚年的维热·勒布伦放下了画笔，全心撰写回忆录。1842年，伊丽莎白·路易丝·维热·勒布伦在巴黎逝世。

拥有一双会绘画的手是神奇的，在这些作画者的笔下，世界都是色彩绚丽的，这些人的内心世界也是丰富的、细腻的，画笔就是他们记录生活和心情的方式。

无论我们居住在哪个城市，城中总有过多的噪声和喧闹，那一幢比一幢更庞大，更拥挤不堪的建筑，是否让人们日益浮躁不安，压抑挤迫着可怜的神经，让你的心境处于并不怎么美妙的状态？那么，何不寻个机会，去找寻自己当初对绘画的热爱呢？

而绘画爱好者永不孤独，他们喜欢徜徉在自己的世界里，将那些触动自己的事物都尽情地展现在画纸上，这是一份充实，一份愉悦的获得。

总之，懂绘画的人并不一定妙语连珠、口绽莲花，也不一定拥有财富地位，更不一定有很多朋友，但他们绝不矫揉造作，绝不伪装，他们会用画笔表达自己的内心。但他们同样很有趣，因为他们的精神世界是充盈的，他们更懂得享受一个人的精彩，他们绝不会因为寂寞而纠缠他人，不喜欢在灯红酒绿的场合消耗人生。绘画是他们抵抗独处时光最有利的武器，有了这把利器，纵使岁月老去，时光也会慢下来。

第04章 幽默是最好的调剂，也是最高级的防御

在生活中，没有人会拒绝快乐，也就不会拒绝那些善于制造快乐的人。事实上，人人都喜欢幽默的人，学会幽默，则离人人喜欢的距离就不远了。幽默在社交中的力量是不可估量的，它是调节气氛的润滑剂，是受人欢迎的秘密武器，幽默可以让对方快乐，也可以传达出自己的积极人生态度。因此，在社交生活中，倘若你能用幽默去传达信息，可使气氛更和谐，平添几分情趣，从而使社交更加成功。

幽默风趣的人更讨喜

很多时候，由于陌生人的加入，让很多平日里很熟的朋友顷刻间没了话说，倒不是两人的感情不牢靠。而是因为有陌生人加入，让大家感觉到不安全。平日里只有好朋友之间说的话不能说了。这时候，往往会陷入沉默，会冷场。

为了打破这种沉默，让陌生者迅速地融入到这个圈子中，就需要有人会说一些热场的趣言，来帮助大家重新敞开心扉，从而营造轻松愉悦的交谈氛围。往往在这种场合下，就需要女孩子用热情和大方的说一些很有意思的话，或者开个玩笑，迅速打破这种局面。

每个人都遇到过沉闷的气氛。新认识的朋友在一起，一时找不到聊天的话题；相亲时两个人很紧张，不知道说什么能给对方带来好感；开会时由于问题的难度很大，无人发言等，都会造成沉闷的气氛。沉闷的氛围是让人尴尬的，在沉闷的氛围里人容易紧张，这时做什么事都会觉得不自在，这样是不利于交往以及问题的解决的。所以摆脱沉闷的气氛无疑将会推动友谊的升华、情感的发展以及问题的解决。用一个小笑话、一句恰到好处的幽默快语来调节一下此刻的氛围，对摆脱沉闷、促进交流无疑是不错的选择。

某大公司的董事长和当地的财税局长有矛盾，这不利于当地经济进一步发展工作的部署，所以需要双方坐下来好好谈一谈，以便解决矛盾，化干戈为玉帛。由于双方各持己见，很难心平气和地坐在一起，所以一个他们不得不到场参加的重要会议，给问题的解决提供了一个难得的平台。

然而，就在这个时刻，会场上的两个人还在斗气，犹如两个瞎子。会议氛围一时十分沉闷，参会的很多领导也都很为难，他们也希望双方能把各自的观点讲出来，这样才能有针对性地讨论解决问题的办法。就在这时，会议主持人抓住他们的矛盾，灵光一闪，计上心头。他向人们介绍这位董事长时，讲道："下一位演讲的先生不用我介绍，但是他的确需要一个好的税务律师。"听众爆发出一阵大笑，董事长和财税局长也都笑了，沉闷被打破了，氛围一下轻松了许多。董事长借着这个难得的氛围，把企业今后发展的目标、目前遇到的困难以及需要得到的帮助都在会上讲得十分清楚、透彻。最终，财税局长和那名董事长之间的矛盾在互相理解中化解了，皆大欢喜。

由以上的例子不难看出幽默对调节氛围的效果是明显的，但是幽默不是信手拈来的，也不是那么容易就取得良好效果的。这需要不断地学习、积累。

首先，要用知识不断地充实自己，没有丰富的知识，很可能搞不清对方在说什么。在幽默时，缺乏素材，找一些差强人意的说辞又会让人不知所云，不恰当的幽默还不如选择沉默。然后，要用实践不断地历练自己，一个能淡定处事的人都有着丰富的人生阅历，经历少的人很可能在特定的场景思维短路、呆若木鸡，更别提谈笑风生了、饶有风趣了。所以，要有相当的学识和丰富的经历才能在关键时刻气定神闲、妙语解颐。

幽默是一种源于生活、高于生活的艺术，幽默需要积淀、需要学习、需要锻炼，幽默到了一定境界，就会旷达从容，拈花一笑处处会春暖花开。

幽默是人际交往的特别通行证，是展示自身修养、学识的巧妙手段，是表示友好、善意的重要途径。幽默的人，往往是社交中的焦点人物，是吸引别人注意的交际明星。所以，学会幽默，用好幽默，是现代人必备的技能。

幽默不是低级油滑，不是花言巧语，更不是出乖露丑、当别人的笑料。因此，交际中的幽默虽然看似简单，但也有一些禁忌，需要注意以下几点：

1.切忌低俗油滑

幽默是才华与智慧的闪现，它以文化修养为依托，幽默不是低俗、油滑、无聊、尖刻的嘲弄，更不是把快乐建立在别人的痛楚之上。过分的调侃和恶作剧只会让人觉得无聊，是黔驴技穷的表现。

2.切忌拖泥带水

幽默应该简洁、短小精悍，达到出其不意、让人发笑和回味的效果。如果过于复杂，会让对方注意力分散，减少幽默的成分。

美国的莱特兄弟发明了飞机，是人类航空史上勇敢的开拓者。有一次，兄弟俩人前往欧洲旅行，在一个名流汇集的欢迎宴上，主人再三邀请他俩给大家讲一句话。大哥只好先站了起来，说："我不擅长讲话，还是舍弟来吧！"在众人的欢呼声中，弟弟腼腆地站起，说："刚才大哥已经说过了。"大家一阵欢笑，然后更强烈地要求再讲一句，弟弟难为情地说："据我所知，鸟类中会说话的是鹦鹉，而鹦鹉是飞不高的。"话音未落，全场就响起了热烈的掌声。

莱特兄弟的一句话，既高度地概括了他们工作的艰辛与埋头苦干的精神，又充满幽默和趣味，真是"越简短越妙"的典范。

3.切忌不看对象场合

幽默的言语应当服从于一定的时间，一定社交场合和交往对象。否则，只会让对方感觉浅薄，从而对你产生轻视之心。恰到好处的幽默会使你在社交中如虎添翼，而不合时宜的幽默可能让你一败涂地。

4.切忌心生恶念

幽默不是要打击谁、报复谁、讽刺谁，它顶多是善意的提醒和规劝。幽默应该是宽厚、温和的，而不是尖酸刻薄的。在社交中，幽默让人觉得亲切温暖，而讽刺则可能让人生气、愤怒，要把握好两者的区别。

总之，幽默是社交中的美丽花朵，高明的幽默能让人喜悦、放松。学会了幽默，你就学会了如何做一个走到哪里都受别人欢迎的人。

有趣的人都喜欢开玩笑

幽默是语言的艺术，也是制造快乐的艺术，幽默能够引发喜悦，给人们带来欢乐，使别人获得精神上的快感，我们与幽默的人相处会感到愉快，因为他们很有趣，并且喜欢开玩笑，而与缺乏幽默感的人相处，则是一种负担。因此，与人交往之初，如果你希望瞬间赢得对方的好感，不妨开开玩笑，让他人觉得你很有趣，进而愿意与你交流和沟通。

在某种意义上来说，培养自己的幽默感，也就是培养自己的处世、生存和创造的能力。有较强生存能力的人，通常也是一个有影响力和感染力的人。幽默像是击石产生的火花，是瞬间的灵思，所以必须要有高度的反应与机智，才能说出幽默的语句。幽默能化解尴尬的场面，也可能作为不露骨的自卫与反击，但更重要的还是让你赢得了他人的好感。

张大千是我国现代著名的画家，他颌下留有长须。

一天，他与友人小聚，期间提到长胡子，不免有些嘲弄之意，张大千一直没吭声，等大家说完后，他才不紧不慢地讲了一个故事：

三国时期，关羽的儿子关兴和张飞的儿子张苞随刘备率师讨伐吴国。他们两个为父报仇心切，都争当先锋，却使刘备左右为难。没办法，他只好出题说：“你们比一比，各自说出自己父亲生前的功绩，谁父功大谁就当先锋。”

张苞一听，立即说：“我父亲当年三战吕布，喝断坝桥，夜战马超，鞭打督邮，义释严颜。”

轮到关兴，他有点口吃，加上心急，脱口而出一句：“我父五缕长髯……”就再也说不下去。

这时，关羽显灵，立在云端上，听了儿子这句话，气不打一处来，大声骂道：“你这不孝之子，老子生前过五关斩六将之事你不讲，偏偏提我的胡子作甚？！”

听完张大千的笑话，在座的无不大笑。

张大千巧妙地套用了关于胡子的幽默故事，不仅使自己摆脱了困境、反击了友人的嘲弄，而更多的是博得了大家一笑，也使所有宾客都从心底里佩服他的风趣幽默。可见，张大千先生的幽默水平已到了可以任意发挥的程度。

一个具有幽默感的人，他最大的魅力并不只是谈吐风趣，他还懂得用幽默或幽默感，来增进与他人的关系，并提升自己的品格。

幽默感是指一种能力，是理解别人的幽默和表现自己的幽默的能力。幽默是一种艺术，具有幽默感的人，生活中充满了情趣，许多看来令人痛苦烦恼的事他们却应付得轻松自如。

因此，如果你想在与人交往时给人留下一个良好的印象，就要善于运用幽默的力量。无论是在别人家做客，还是在自己家待客，充满幽默的言谈气氛相信是我们每个人都需要的，当你走入室内，就要将你的幽默表现出来。一个面带怒容或神情抑郁的人，永远都比不上一个面带笑容或幽默的人。

在这个竞争越来越激烈的社会，幽默感对我们来说，显得越来越重要了，因为他不仅能为严肃凝滞的气氛带来活力，更显示了高度的智慧、自信与适应环境的能力。如果你确实想成为一个具有幽默感的人，千万不要假装幽默，而应该努力培养你的悟性，使你无论到什么地方，都备受欢迎。

因此，你需要记住的是：

开玩笑，并不是不分场合的，否则，不仅玩笑达不到效果，可能还会招致别人的反感。

另外，开玩笑也应该多考虑他人的感受，对于他人的生理缺陷，是不能拿来开玩笑的，这是在故意揭别人的“伤疤”，把自己的快乐建立在别人痛苦的基础之上。要知道，恶作剧可能会导致意外，并不是所有人都能接受你的恶作剧，如果玩笑可能刺伤在座的任何一个人的话，你还是不要说出来的好。因为受到伤害的人会因为别人的笑声，内心更为痛苦，甚至对你产生怨恨。

学会了幽默，全世界都会欢迎你

幽默一直被人们称为只有聪明人才能驾驭的语言艺术，看似荒谬，却往往出人意料，语言诙谐却又意味深长。而任何富有个性的幽默都必须建立在自信的基础上，自嘲就是这种幽默的一种应用。

生活中，我们可以见到许多幽默的成功人士。对于他们来说，幽默不但是一种标志，而且是一种武器。诙谐风趣的语言往往可以使他们获得良好的人际关系。

著名节目主持人杨澜就是非常幽默的人。她把幽默引入其主持风格中，使她的节目生动精彩，可看性更强。

例如，在一个关于加拿大的节目中，杨澜为了向观众描述加拿大的寒冷，就幽默地说："我听说，两个加拿大人在户外说话，刚说完，话就被冻住了，他们赶紧用手接住，到屋里用火一烤，才知道对方说了些什么。"观众听罢，都哈哈大笑，整个现场气氛顿时活跃起来。

幽默在交际中的作用之大，这是实践充分证明了的。不得不承认，尽管有些人还将那些幽默的人看成是"油腔滑调""小聪明""你以为你很幽默是吗"等，但无法改变更多的人对幽默之人的欢迎甚至喜爱的态度，因为幽默的人至少是豁达的人。

另外，一般认为，幽默的人也必定是诚实的。谎言中不可能开出笑容的鲜花，诚实是幽默的基石。诚实不是让你想什么就直截了当地说出，而是秉持诚心、巧妙地表达内心所想，使之既幽默又让人感觉到你的可信。

一名保险销售人员来到某公司拜访他们的董事长。和秘书做完沟通工作后，秘书答应他把名片递给董事长。于是，他在董事长办公室外面等着。

秘书刚把名片交给董事长后，董事长就厌烦地把名片丢出来，秘书只好很无奈地把名片退给业务员。谁知业务员却没有丝毫不快，而是说："没关系，我可以下次再来拜访，所以，还是请董事长留下名片吧，否则下次还要麻烦董事长再看一遍。"秘书拗不过他，只好硬着头皮再走进办公室。

这次，董事长真的发火了，于是，他把将名片撕成两半，扔出10元钱说："好，10元钱买他一张名片，够了吧！让他赶紧走！"当秘书把10元钱和撕碎的名片还给业务员后，业务员竟然很开心地大声说："请你告诉董事长，10元钱应该买两张名片，我还欠他一张。"说完，又掏出一张名片，让秘书交给董事长。办公室里传来一阵大笑，董事长走出来说，"如果我不和你这样的业务员谈生意，我还能找谁谈呢？"

业务员用幽默的言行逗笑了董事长，也为自己赢得了合作的机会。他的幽默充分展示了他对自己产品的自信，也展示了自己百折不挠的乐观心态，这样的人迟早会成功。

在社交生活中，幽默的确给了我们太多的笑声，基于以上这些优点，你也应该成为一个幽默的人，以下几种方法能够轻松让你获取幽默语言的种子：

1.幽默原本来自于生活

为此，你可以从生活中开始寻找乐趣，方式很多：

放松自己，多笑一点。生活本身就充满了快乐，我们不能要求自己和年幼的孩子一样无忧无虑地笑，但至少可以多笑一点，孩子每天笑400次，你至少要笑40次。

多读一些幽默笑话和漫画类的书籍，然后自己给它们做一些幽默的评论。

即使你遇到了令你苦恼和头疼的问题，也要搜寻一些好玩的幽默的东西为自己解压。

2.了解自己为什么发笑

如果你一天笑了40次，那么你至少要弄明白是什么使得你发笑这么多次，收集并保存这些幽默的诱因，当你马上需要一个笑容或者是喜剧灵感时，就翻开来看看。

3.别人的故事也可以成为你制造幽默的素材

在你的经历中，你可能找不到什么有趣的事，那么，你不妨借用一下别人的故事吧。有一些被借过来的笑话很容易就能起到效果，因为很多人没有想到过这种幽默的方式。

那么，如何借用呢？

网络是最方便的方式，当然，除了简单地在网络中搜索笑话、俏皮话、图片或者是视频，以下是另外两种常见的改编资源：

喜剧演员——喜剧明星的幽默笑话往往是最令人发笑的，你可以借用这一素材并加以修改，但一定要注意，修改后的幽默一定要符合你自身的风格、语言习惯等。

卡通漫画——在众人面前，你可以采用不同的解说方式，向大家展示一下这部漫画的故事，并选取其中的妙语作为你的开场白。

4.了解你的听众，不可胡乱幽默

要想成为一个幽默的人，就必须明白你开玩笑的尺度。这些都得从你真正了解听众开始：

要了解听众的脾气，这直接关系到你的幽默方式是否恰当；

热爱你的听众，不少于你调侃他们的程度；

当你不确定对方是不是也是个幽默的人，你可以尝试着和他们开开玩笑，但别过火；

你如果准备即兴幽默，那么你至少要保证你的听众不介意。

你可能不想在一个简单的问题上都采用自我嘲弄的方法，但是不管怎么样，这在以下情况中是最有效也最恰当的：

（1）在你既舒服又很自信的情况下；

（2）你的威望和能力已经明确建立；

（3）现状恰好和你的个性和情感相符合。

但是请记住，当你想要借用别人的自嘲式幽默时，你要和他有同样的看法和情况。如果不是，那就真的是在自我嘲弄！

5.多和快乐的人待在一起

这些人往往更能理解并支持你的幽默，他们喜欢笑、是幽默的，你在他们中间会很快成为一个受人欢迎的人。

与这种类型的人培养感情，花时间和他们在一起，从他们身上学到他们是如何运用幽默，然后在他们的方法中选出适合你的独特方法。

幽默能让枯燥的日子有趣起来

在我们的生活中，总是有人整天闷闷不乐。他们觉得生活无趣，人生无趣，久而久之，他们便对工作与生活失去了激情，他们自身也变得麻木枯燥。实际上，生活需要趣味，而且是各种各样的趣味，于是世界便有了层出不穷的志趣、情趣、谐趣、童趣、文人雅士之趣、市井小民之趣……如果再加上幽默，我们不妨称它为“幽默趣”。

可以说，幽默是趣味生活的添加剂，生活中存在幽默，关键是你能不能发现它，并且用幽默的语言来解释它，那样你的生活就会充满乐趣。

有一次弗洛伊德对他的大女儿说：“我感觉近两年来你在为一件事犯愁，你认为自己不够漂亮，找不到丈夫。我可没把这当回事，在我眼里你很漂亮。”

他的女儿笑了笑回答：“可你不能娶我，爸爸，你早已结婚了。”

这个女儿不是一般的女儿，这个女儿充满了智慧，欣然接受父亲送给的慈祥礼物——夸她“漂亮”，幽默惯性思维地滑到“可你不能娶我”上，婉转地告诉父亲“我知道了”。并且，以一种玩笑的形式表达了对父亲的关爱，温馨之情溢于言表。

在现实生活中，可能很多人感叹自己贫穷，感叹自己没有过人的本领，没有美丽的外表，没有令人骄傲的物质资本等，但生活依然是生活，快乐的源泉也并非是这些物质资源，而是人的心灵。一个具有幽默感的人，他的内心是充实的，他们总是善于抓住生活的各个细节，于无意识中制造幽默，让自己和周围的人都能会心一笑。因此，即使物质生活匮乏，他们也总是神采奕奕。

早上，小王到单位上班，老张见他脸上红肿了一大块，想起以前他开快车，曾摔得鼻青脸肿，以为他这回又是摔的，就问道：“你脸上肿成这样，不会又是开快车摔的吧？”

小王白了老张一眼：“谁开快车摔啦，我有那么倒霉吗？”

老张好奇地追问一句：“那你这是？”

“老婆打的。”小王不好意思地说。

“老婆敢打你？不可能。你在家不是一直做老大吗？”老张不相信。

“真的，我不骗你。”小王摸了摸红肿的脸，郁闷地回道："昨天她在家拿苍蝇拍追打苍蝇，后来有一只苍蝇落在我脸上，她挥拍就打呀！"

看完这个生活笑话，可能即使你正处于繁忙的工作中、为生活压力所累的时候，你也会开心一笑。

幽默对生活的力量是巨大的，心理学的研究表明，幽默不但可以提高人的免疫能力，也有助于培育个人的主观幸福感与乐观人格。由此，弗洛伊德将幽默视作精神升华的有效手段，并大力提倡人们学会用幽默来宣泄生活的烦恼。此外，幽默还可以帮助人们提高人际交往能力，获得更多和谐的人际关系。

弗洛伊德曾言："笑话给予我们快感，是通过把一个充满能量和紧张的有意识过程转化为一个轻松的无意识过程。"可能我们从幽默中获得的，不仅仅是一笑，而且是更多的物质财富所不能带来的一切吧！

我们再来看：

刘勇是独苗，父母很宠他，家里什么事都不要他做，整天饭来张口，衣来伸手，因此，都二十好几的人了，他饭都不会做。妻子玉兰进门后，见他是个只会享受的家伙，常借机奚落他。

那天，玉兰加班回来晚了些，到家后发现刘勇在家正坐等她回家做饭呢！肚子饿得咕咕叫的她，不禁发起脾气，把他狠狠地训斥一顿，刘勇自知理亏，低头不吭声。

玉兰见状气消了大半，转身去厨房做饭。一会儿，上小学的女儿跑进来："妈妈，你教我做饭吧！"玉兰很开心地问：

“你要学做饭干吗？是不是想以后做饭给妈妈吃？”女儿摇摇头，嘴贴到她耳边悄悄说：“学会做饭，就有资本训人了，你看爸爸因为不会做饭，被你再怎么训，都不敢吭声。”

可能故事中的女主人公玉兰在听到女儿的童言之后，她即使对丈夫还心存怨气，也会烟消云散，在孩子的眼里，妈妈训斥爸爸的原因是因为爸爸不会做饭，而不是爸爸的懒惰，这就是童趣。

幽默是艰苦生活的调味剂。生活有时是相当艰苦的，有幽默感的人善于苦中作乐，用幽默作为艰苦生活的调味剂，鼓励自己克服困难，渡过难关。

幽默让生命趣味盎然，引发喜悦，给人们带来欢乐，或以愉快的方式使别人获得精神上的快感。具有幽默感的人，生活中充满了情趣，许多看来令人痛苦烦恼的事，他们却应付得轻松自如，从而使生命重新变得趣味盎然。

我们再来看看生活中的一些趣味语言：

“结婚用什么车娶亲最酷？”“布加迪威航开路，阿斯顿马丁摄像，齐柏林DS8护航，新郎新娘骑驴。”

“你长得很有创意，活着是你的勇气，丑不是你的本意，是上帝发了脾气，活下去，没有你，谁来衬托世界的美丽！”

“月薪1200元，买什么车好？”“买副象棋吧，有四个车呢！另外还有四个宝马。”

“情侣两个都在QQ上，但是双方都不说话已有10分钟，说明什么？”“老板在旁边！”

“你爱我有几分？”“一毛钱之多。”“只有这么一点吗？”“一毛钱不就是‘十分’吗？”

“养了十年的宠物和交往一周的恋人，必须舍弃一个，你选什么？”“舍弃宠物吧，把它送给恋人。”

看完这些趣味语言，你紧绷的脸是不是缓和了些呢？幽默就是一剂强力的抗抑郁药。不仅会让你发笑，还让你学会微笑面对人生。作为人类独有的能力，幽默基因孕育在每个人的身体里，只要找到它，就找到了通往轻松而又快乐的桥梁，进而能够勇敢地面对现实，积极地体验人生。

第05章 一颗阴郁的心，撑不起一张明媚的脸

生活中，我们能看到一些人，无论何时，他们的脸上总是洋溢着灿烂的笑容，此时的你一定会认为，这样的人一定是有趣的，生活一定是一帆风顺的。前者的推算正确，但后者未必，他们并不是没有遇到困难、麻烦和痛苦，他们只是更善于调节自己的内心，更懂得多姿多彩的生活才妙不可言。因此，无论外界发生什么，他们都能乐观面对，积极向上，同样，生活中的人们也要有这样的气度，这样的心态，学会看淡一切、顺其自然，自然没什么能影响到你的心情了。

融入生活，走出一个人的孤独世界

虽然现代社会发展迅速，而且现代的医疗也得到了突飞猛进的发展，但是孤独却作为一种越发严重的疾病，侵袭了人们的生活。也许有人会说，现代社会已经人满为患，人们不管走到哪里，都置身于熙熙攘攘的人群，怎么会觉得孤独呢？没错，现代社会的确很吵杂热闹，但是人群孤独症患者越是置身于热闹的人群里，就越是倍感孤独。没错，人们切实的感受与人群的喧嚣的对比就是如此强烈。

其实，我们很容易就能打破孤独。尽管在现代的大都市中，人们居住在钢筋水泥的城市森林里，也因为频繁的搬家和身边的人关系日渐疏远，但是只要我们有勇气打破孤独，孤独就会应声破碎。上帝使人拥有热情与爱，就是因为希望人们满怀真诚地对待同类，这样人与人之间的坚冰才能被打碎。因而，我们要想战胜更加顽固的孤独，首先要走出自艾自怜的阴影，走入阳光之中，走到与朋友的真诚友爱之中。只要我们愿意寻找，总有一个地方，我们在那里可以与他人一起享受生活的美好，也能够尽情释放自己的热情，享受他人的热情。当然，这么做的前提是我们必须有勇气。有勇气打破枷锁，有勇气走出人生的困厄，也有勇气融化心底的坚冰。

小秋一直独身一人在大城市里生活，她已经习惯了这样的生活，回到家里自己开灯，关上门之后，根本不知道邻居家里住着谁。近来，小秋又换工作了，她不得不搬到新租的公寓里生活。这对她而言也无所谓，毕竟哪怕是住了好几年的公寓，她也不认识所谓的邻居。

然而，才住了几天，小秋就感到很烦恼，因为她的隔壁住着一个有两个孩子的家庭，其中还有一个小宝宝，夜里经常会哭泣，搅扰了小秋的睡眠。为此，小秋非常懊恼，后悔租住了这间公寓。

一天，小秋刚刚下班回家不久，突然停电了。小秋摸索着点燃蜡烛，这时突然响起敲门声。小秋很纳闷，因为她的家里从来没有客人到访，她想不清楚谁会在这个时候来敲门，因而紧张地打开门。门口站着一个半大的孩子，笑眯眯地问：“阿姨，您有蜡烛吗？”小秋一下子意识到是隔壁的孩子来借蜡烛，因而她毫不犹豫地拒绝道：“没有。”不想，孩子非但没有离开，反而笑着从自己的口袋里拿出两根长长的崭新的蜡烛，说：“哈哈，我就知道您没有蜡烛。给您，这是我妈妈让我送给您的。我是您的邻居，就住在您的隔壁。妈妈还说，您刚刚搬过来，如果缺少什么，就去我家里找。”转瞬间，小秋觉得心里暖暖的。她不知道该说些什么，只好笑了笑。

为了报答这两根蜡烛的友好，小秋次日下班特意买了很多水果，分了一半给邻居家的两个孩子。后来，孩子们的妈妈做了好吃的饭菜，也会让孩子送一些给小秋，一来二去的，小秋居然觉得：有邻居真好，甚至比亲戚还好呢！

在这个事例中，小秋的心原本已经习惯了城市的钢筋水泥，始终独居的她不愿意和任何人打交道，总是从公司的门进入家门，就再也不出门。幸好这次停电，才使她意识到邻居的热忱，因而也渐渐打开心扉，让她愿意接纳他人走入她的生活，她也因为与邻居的相处，意识到人与人之间的距离也并没有那么遥远，人生是非常美好的。

要想打破孤独，我们就要学会积极主动地融入生活。大多数情况下，生活在城市里的人，比生活在农村的人更孤独，因为城市里的邻里关系前所未有地冷漠。作为现代的城市人，我们应该拥有开放的心态，巧妙地打破这种孤独。除了工作之外，我们还可以参加各种俱乐部，从而与更多的人相处，也渐渐习惯与陌生人相处。

当然，融入到周围的生活中，还需要我们注意做到以下几点：

1.完善个性品质

其实，只要你拥有良好的交往品质，走出第一步，就能受到朋友们的喜欢，慢慢的，心结也就能打开了。“人之相知，贵相知心。”真诚的心能使交往双方心心相印，彼此肝胆相照，真诚的人能使与交往者的友谊地久天长。

2.正确评价自己和他人

孤僻的人一般不能正确地评价自己，要么总认为自己不如人，怕被别人讥讽、嘲笑、拒绝，从而把自己紧紧地包裹起来，保护着脆弱的自尊心；要么自命不凡，不屑于和别人交往。孤僻者需要正确地认识别人和自己，多与他人交流思想、沟通感情，享受朋友间的友谊与温暖。

首先就要自信。自爱才有他爱，自尊而后有他尊。自信也是如此，在人际交往中，自信的人总是不卑不亢、落落大方、谈吐从容，而决非孤芳自赏、盲目清高。对自己的不足有所认识，并善于听从别人的劝告与帮助，勇于改正自己的错误。

3.培养健康情趣

健康的生活情趣可以有效地消除孤僻心理。利用闲暇潜心研究一门学问，或学习一门技术，或写写日记、听听音乐、练练书法，或种草养花等都有利于消除孤僻。

4.学习交往技巧

你可以多看一些有关人际交往类的书籍，多学习一些交往技巧，同时，可以把这些技巧运用到人际交往中，长此以往，你的性格越来越开朗，你的人际关系也会越来越好，同时，你会收获不少知识，你的认知上的偏差也能得到纠正。

人生是精彩的，而孤独使人堕落，朋友们，从现在开始，就让我们远离孤独，积极主动地融入生活之中吧！

每天醒来就给一个真诚的微笑，让快乐充满心灵

人生在世，短短数十载，人们穷其一生，都在追求快乐，因为只有快乐才是人生幸福的唯一标准。然而，什么是快乐呢？一般字典上对快乐下的定义多半是：觉得满足与幸福。德国哲学家康德则认为："快乐是我们的需求得到了满足。"快乐是一种美好的状态，认为没有不好或痛苦的事情存在，觉得个人及周围的世界都挺不错。然而，与快乐相伴相生的，还有痛苦，快乐与痛苦，是生活中永恒的旋律，谁也不敢保证自己时时刻刻都是幸福和快乐的，我们应看重的不是几何痛苦，几何欢笑，而是心在痛苦和欢笑时的选择。你选择快乐，快乐自然就会选择你。

其实，要想获得快乐很简单，如果我们每天醒来第一件事就是给自己一个微笑，告诉自己很快乐，那么，你这一天就是快乐的。常言道，一年之计在于春，一天之计在于晨。对于每个人而言，每天早晨的好心情，往往决定了一天之内的好心情，所以在早晨醒来之后，我们要做的就是远离起床气，不要愁眉不展，而是要睁开惺忪的睡眼，给镜子里的自己一个真诚的微笑。也许有些朋友会觉得这是形式主义，殊不知，这样的形式如果做得好，会让我们一天之内都愁眉舒展，心情美美的。

不得不说，对于人生的每一天而言，也许会有很多重要的时刻，但是每天早晨起床后和晚上入睡前这两个时间，却是非

常重要的时刻。这就是像是语文里常用的括号一样，我们每天的早晨是左括号，晚上是右括号，如果开头和结尾都很愉快，那么我们这一天之内哪怕面对一些困难和突发的意外，也能够顺利解决，从而不把坏心情带到入睡。同样的道理，我们也唯有早晨起床就拥有好心情，我们这一天的心情才会拥有愉快的基调，从而心情愉悦。

大名鼎鼎的作家梭罗，每天早晨起床之后的第一件事情，就是告诉自己能够活着是非常幸运的事情，从而让自己对于生活心怀感激。实际上，我们每个人都应该对于生命心怀感激，哪怕命运赐予我们再多的磨难，我们也应该为自己每天能够呼吸到新鲜的空气，闻到花的香味，吃到美味的食物，感受阳光的照耀，而快乐。

实际上，命运并不总会对一个人残酷，每个人都能够得到命运的青睐，感受到命运的美好。每天清晨醒来，看到从窗帘中投射过来的阳光，我们会庆幸自己依然活着，也会感受到人生的美好。和朋友相处，哪怕是朋友一句漫不经心的关切，也会让我们感到来自朋友的温暖。偶尔帮助了一个需要帮助的人，我们会更加深切地感受到自己存在的价值。总而言之，生命的意义在于我们的一举一动，我们唯有满怀感激地面对生活，从不因为命运的残酷而抱怨，或者心生放弃之意，我们的人生才会更加丰满和厚重。

为了更好地接纳和拥抱生活，我们必须学会遗忘那些不愉快的过往，从而每天早晨醒来时都对着镜子里的自己微笑，每天晚上入睡前，也能怀着愉快的心情。总而言之，要想成为一个快乐的人，我们必须学会遗忘过去，从而更好地拥抱未来。尤其是对于那些生活的琐碎之事，我们更要坚决果断地说再见，不要让那些情绪的垃圾堆积在自己的心里，导致自身郁郁寡欢。

每个人自打来到这个世界上，就已经学会了微笑，但随着年龄的增长，随着周遭事物变得复杂，我们似乎已经忘了自己的这个本能，我们总是会给自己找一些借口：职场人士说自己每天需要应付很多工作；领导者们总说自己为企业的事操碎了心……尤其在陌生的环境里，微笑最容易被我们忽略。

朋友们，从现在就让快乐充满我们的心灵，也让我们的脸上始终挂着微笑吧。微笑，愉悦的不但是我们自己，也有他人。当我们满面微笑，我们身边的人也会感受到积极向上的力量，感受到你是快乐的、有趣的，从而与我们更加亲近起来！

警惕抑郁，别让它伤害你

生活中，我们每个人都希望每天拥有好心情，都能快乐生活，可有一些人却总是无法开心起来，他们常称自己“抑郁”了，对此，他们周围的人可能认为这只不过是无病呻吟而已，但如果我们真的有如下三大主要症状：情绪低落、思维迟缓和运动抑制的时候，我们一定要引起重视，这表明你抑郁了。

抑郁会严重困扰患者的生活和工作，给家庭和社会带来沉重的负担，严重的还会导致抑郁症。它赶走了我们的积极情绪，使我们对周围的人丧失了爱，觉得自己死气沉沉，缺乏生气。正如某个抑郁病人所说的："我感到自己是一个空壳。"约15%的抑郁症患者死于自杀。

我们如果长期被抑郁的情绪控制的话，生活将会失去光彩。抑郁的表现形式各有不同，但具体来说，有以下表现：

（1）大部分时间感到沮丧或忧愁；

（2）缺乏活力，总是感到累；

（3）对以前喜欢做的事情缺乏兴趣；

（4）体重急剧增加或急剧下降；

（5）睡眠方式的巨大改变（不能入睡、长睡不醒或很早起床）；

（6）有犯罪感或无用感；

（7）无法解释的疼痛（甚至身体上没有任何毛病）；

（8）悲观或漠然（对现在和将来的任何事情都毫不关心）；

（9）有死亡或自杀的想法。

专家曾研究过，人际关系不好，性格孤僻或跛扈、有缺陷，容易导致抑郁症，抑郁又会进一步使人际关系恶化，这是一个恶性循环。

小刘是一名品学兼优的学生，马上就要硕士毕业了，但他的心里一直都有解不开的结。毕业前，他终于向多年的好友敞开了心扉。

“其实，以前我的人际关系很好，你也知道，直到现在，我的人际关系也不坏，所以，我一直比较乐观。只有一件事，我为此痛苦过也自卑过，就是自己是乙肝病毒携带者，担心自己即使念到硕士，还是找不到工作。我是从山沟里走出来的，怕父母失望。我一直认为，这是我经历过的最痛苦的事情了，没想到和另一件事相比，这根本不算什么。你知道，上星期我们班的李继出车祸了，居然一夜之间成了残疾人，我才发现，自己比他幸福得多。能跟你把这些心里话说出来，我心里舒服多了。”

很多数据和事实一再说明了这样一个令人感到遗憾和痛心的现象：有心理障碍并想不开的人，大多数没有寻求过心理帮助。很多艺人之所以会选择自杀，就是因为他们有过重的心理压力而又不向朋友倾诉。生活中多数人回避自己的心理问题，不去勇敢地正视和面对它，没有积极地进行规范治疗，结果导致悲剧事件屡屡发生。

敞开心扉是抑郁患者摆脱抑郁的关键。而抑郁症患者为什么很难做到这一点？因为他们有某种心理上的顾忌，他们不愿意承认自己有抑郁症，更别说积极主动地配合医生治疗了。

很多抑郁者在患病后，会选择偷偷吃药而不公开病情，就是因为他们对抑郁症的认识不足，将它误认为神经衰弱、精神分裂，再加社会上一些人对抑郁症患者投以冷眼或歧视，背后传播流言蜚语，让那些本已伤痕累累的心灵雪上加霜，不敢袒露自己的苦闷。

那么，我们该怎样让自己走出抑郁的泥潭呢?

1.正确认识抑郁情绪

要改变这种状态，重要的是认识到这是抑郁的自然反应。抑郁夺走了你的热情，不是你这个人缺乏热情，而是你所处的心理状态使然。一旦情绪改善，你的热情会自然复苏。但前提是，你要淡化自己的情绪给自己带来的影响，你要告诉自己：抑郁是可以摆脱的。

2.塞翁失马，焉知非福

抑郁会让你陷入反思和内省，治愈后你可能会达到比以前更高的层次。所以，如果你抑郁了，不要认为自己是不幸的。

3.制定目标，用自己的行为定义成功

我们在定义成功的时候，尽量不要牵涉到他人的行为。也就是说，哪怕是小小的进步，也值得高兴。比如，你很不喜欢与人交往，你约了下班后和小李一起喝咖啡。而这种想法是不对的。因为这个目标能否实现取决于小李是否接受你的邀请。你可以控制自己的行为，但不能控制别人的行为。而你可以这样认为：下班后，邀请小李一起喝咖啡。只要你开口邀请过，那你就成功了。至于小李的反应，并不重要。邀请技巧是另外一个问题了。

再看以上三条原则，找出你的错误所在，加以改正。相信你一定会战胜抑郁，生活得多姿多彩。

其实，即使心情抑郁了，你也不必担心，抑郁并不等同于精神分裂，你只要告诉自己，我的情绪感冒了，我的情绪现在正在发烧，还会打喷嚏，现在很痛苦，但只要吃点药就会好的。

换个角度，事情远没有你想象得那么糟糕

人的一生中总会经历不同的坎坷与困难，没有一个人可以保证人生一帆风顺。生活中的小麻烦、小问题总是此起彼伏，我们常常会因为处理这些小问题而烦恼不堪。其实，问题的好坏还在于我们看待它们的眼光，我们若把问题的焦点放在坏的一面，看到的就是满目疮痍；若多看好的一面，看到的就是春光灿烂。

美国联合保险公司董事长克里蒙·史东说："真正的成功秘诀是'肯定人生'四个字，如果你能以坚定而乐观的态度去面对一切困难险阻，那么，你一定能从中得到好处。"

生活中的人们，你还在为自己处理不好一件小事而自怨自艾吗？其实这种想法是不对的，你不必苛求自己。人生在世，无论我们做什么事，如果紧紧盯着事情的消极面的话，那这将

会成为我们愉快生活的障碍。减轻自己的心理负荷，抛开一切得失成败，我们才会获得一份超然和自在，才能享受幸福、成功的人生。

事实上，那些让你痛苦的烦恼都是可以解决的，只要你换个心情、换个角度，看到的就是另外一片风景。所以，在遇到苦难挫折时，不妨把暂时的困难当做黎明前的黑暗。只要以积极的心态去观察，去思考，就会发现事实远没有想象中的那样糟糕。换个角度去观察，世界会更美。

米歇尔是一个传奇式人物，在46岁那年，他被意外火灾事故烧得不成人形，四年后又在一次坠机事件后腰部以下全部瘫痪。当他醒来时，发现自己在医院里，身体已被烧得体无完肤，周围是一大群跟他同病相怜的人，他们对自己的遭遇自怨自艾：为什么是我？老天爷为什么如此对我？人生为什么这么不公平？成为这种样子在这社会上还能有什么作为？然而米歇尔没有像他们一样，反而向自己提出这样的问题："我幸运地活到现在还拥有些什么？我要如何重新站起来？此刻我还能比以前做更多些什么事？"

更有趣的是，米歇尔在住院期间结识了一位名叫安妮的漂亮迷人的女护士，他不顾脸上的伤残和行动不便，竟然异想天开："我怎样才能和安妮约会呢？"他的同伴都认为他实在有些神志不清，他必然会碰一鼻子灰回来。谁会想到一年半后两人竟然陷入热恋之中，后来安妮成了他的太太。

米歇尔屹立不倒的正面态度使他得以在《今天看我秀》《早安美国》节目中露脸，同时《前进》《时代周刊》《纽约时报》及其他报刊也都有米歇尔的人物特写。

米歇尔为什么能创造奇迹？因为他的心态一直都是正面的、积极的。即使在灾难面前，他依然拥有好心情，他看到的就是希望，于是，他最终战胜了困难。

米歇尔说："我完全可以掌控我自己的人生之船，控制我的浮沉，我可以选择把目前的状况看成是新的一个起点。"

认知绝不是一成不变的，如果我们认为某件事对于自己不利，便会把这种信息送入大脑中，结果就产生不利于我们的态度。如果我们主动换个视角，对于原先的那件事便会产生不同的态度。

为此我们要明白：

1.要有积极的心态

培养自己积极、乐观的心态，实现这些有许多的途径，如读一些积极、引人向上的书籍就是不错的选择；还有可以试着多交一些朋友，拓展自己的交际圈，在朋友的影响下逐渐走出消极的阴影；我们还可以多做一些体育锻炼，强健自己的体魄，让那些不良的情绪在运动中消失殆尽，让阳光重新照耀到我们的心田，重新找到积极向上的自己。

2.从多个方向看待问题

当你感到消极悲观的时候，不妨通过心理暗示告诉自己，自己设想的是最糟糕的情况，我们完全有解决问题的能力。遇到事情的时候，我们学会保持冷静，首先不为情绪控制，然后找到解决问题的办法。

其实，世界是否美丽，由我们的眼睛决定。悲观地看待世事，凡事想得太绝望，眼中的世界将是一片灰暗；凡事心中乐观，眼中的世界就是一片光明。积极的心态，能够激发我们自身的聪明才智。一个人如果心态积极，乐观地面对人生，那他就成功了一半。

第06章 天真善良，永远用澄澈的眼睛看世界

心理学家马修·杰波博士说：“快乐纯粹是内发的，它的产生不是由于事物，而是由于不受环境拘束的个人举动所产生的观念、思想与态度。”所以心怀善意，你眼里的世界就是美好的；而以“恶毒”“邪恶”的心去揣度他人，周围的人就都别有用心，刻薄恶毒，生活也往往一团黑暗。因此，生活中的每一个人都要天真善良，用澄澈的眼睛看世界，这样你就会活得平和安详。

善良为人，只求无愧于心

生活中，我们不少人常说“岂能尽遂人愿，但求无愧我心”，并且将这句话奉为座右铭，意思是，善良是做人之本，为善的初衷就是让心安然。内心善良的人无论何时都能保持最初的做人原则，总是内心清澈澄明，自在坦荡，这样的灵魂是有趣的，也是我们敬仰的。

我们发现，一些人或许没有令人称道的外表和优雅的风韵，但却同样能拥有吸引人的气质，而这种气质就是无愧于心。无愧于心是我们内在精神的体现，它没有具体的表现形式，而是我们对生命的一种实实在在的解释。

程铭是一位医生，开了家自己的诊所，从读书时代开始，他就将“无愧于心”视为自己的座右铭。当他走入社会后，他更是将此融入他的职业规划中，并以此为他成为医生的职业操守。

一天夜里，他的诊所被小偷“光顾”了，而慌乱中，小偷不慎摔断了大腿骨，想跑也跑不了。这时，程铭和助手从楼上下来，助手说：“打电话让警察把他带走吧！”

而程铭则拒绝，赶紧说：“不，在我的诊所，病人不能这样出去！”然后，他让助手协同自己给小偷连夜做了手术，并打上石膏绷带。所有治疗工作完成后，程铭将小偷交给警察。

助手问：“他是来偷东西的，你干嘛还给他治疗？”

而程铭回答说：“救死扶伤是医生的天职，不管怎么样，我要做到无愧于心。”

他告诉助手，小偷偷东西固然是盗贼，但从他受伤那刻开始，他就是一名病人了，医生不给病人治病，算什么医生呢？

程铭是一个负责任的医生，他忠实地履行了一个医生的职责，这件事反映出他高尚的人格魅力，更是他无愧于心座右铭的真实体现。

做人无愧于心是我们在社会中展开人际交往的基石，令人回味、赞赏。凡事无愧于心的年轻人让人信赖，让人踏实，让人熨帖，让人感动。这样的年轻人，可做朋友，亦可做知己。

若是美德能分为显性和隐性，那无愧于心就具有隐性特征。其表现在做人上，就是要我们能宽厚待人、以诚示人、赤胆为人。无愧于心是我们步入社会后的立身之本、处世之道、待人之术，是以心换心、以情换情的那份真诚，是阳关大道、人间正道的指南针，是我们性情中的真善美。

无愧于心的人往往在事业刚起步之时，就将名节看作是泰山，将信义看作是准绳，将忠诚看作是标志，有着“君子一言，驷马难追”的气魄，有着“宁可天下人负我，我不负天下人”的坦荡，他们以“岂能尽遂人愿，但求无愧我心”为座右铭来鞭策自己，堂堂正正做人。无愧于心的人不会算计、欺骗和出卖朋友，与这样的人打交道，如在笼罩着白茫茫月光的湖面上泛舟，让人感觉宁静温馨。

的确，学做人不是一件简单的事情，想成为一个灵魂纯净的人，无愧于心是一个基本要求。曾有人说，世界上广阔的是海洋，比海洋广阔的是天空，比天空广阔的是人的胸怀。做事无愧于心不代表我们懦弱、无能，而是一种做人的气度、雅量。只有虚伪、做作的人才会使人与人之间缺少信任，缺少融洽，缺少和谐，缺少坦诚与真爱。

普林斯顿大学校友、亚马逊CEO杰夫·贝索斯（Jeff Bezos）在2010年学士毕业典礼上发表演讲：

“我听过一个有关吸烟的广告。我记不得细节了，但是广告大意是说，每吸一口香烟会减少几分钟的寿命，大概是两分钟。无论如何，我决定为祖母做个算术。我估测了祖母每天要吸几支香烟，每支香烟要吸几口等等，然后心满意足地得出了一个合理的数字。接着，我拍了拍祖母的肩膀，然后骄傲地宣称，‘每吸两分钟的烟，你就少活九年！’

“我清晰地记得接下来发生了什么，而那是我意料之外的。我本期待着小聪明和算术技巧能赢得掌声，但那并没有发生。相反，我的祖母哭泣起来。我的祖父之前一直在默默开车，他把车停在了路边，走下车来，打开了我的车门，等着我跟他下车。我惹麻烦了吗？我的祖父是一个智慧而安静的人。他从来没有对我说过严厉的话，难道这会是第一次？还是他会让我回到车上跟祖母道歉？我以前从未遇到过这种状况，因而也无从知晓会有什么后果发生。我们在车旁停下来。祖父注视着我，沉默片刻，然后轻轻地、平静地说：‘杰夫，有一天你会明白，善良比聪明更难。’”

对此，杰夫·贝索斯说：“聪明是一种天赋，而善良是一种选择。天赋得来很容易，毕竟它们与生俱来。而选择则颇为不易，如果一不小心，你可能被天赋所诱惑，这可能会损害到你做出的选择。”

你的智慧可能是与生俱来的，所以这并不需要你做出选择。但恰恰是因为这样，人们在选择善良时往往会故作聪明，从而让善良变了味道。

善良与智慧必须两者兼具，没有智慧的善良一旦成为习惯，那么最终受到伤害的只能是自己，而且付出越多，受到的伤害就越多。因此，我们每个人都要坚持善良的本心，不过假如这种善良过度了，碾压了聪明，那就变成了缺点，成为了软弱。

付出你的爱心，做内心有爱的人

相信每个人都听过这样一首歌：“只要人人都献出一点爱，世界将变成美好的人间。”的确，如果你从刚踏入社会开始就学习做人，心系他人，时常想着要为他人创造幸福，那你的爱心就可能创造奇迹。

人类是有感情的动物，当你将你的感情、爱心奉献给别人时，别人也会对你施以爱的回报，或是发自内心的感谢。被别人尊重和关心是我们每个刚走进社会的人所希望的事情，但如果我们不付出爱心，就很难会收获别人的关爱。

社会上需要我们付出爱心的地方很多，哪怕每天只付出我们的一点点爱心，也会感受到其中的价值与意义所在，也会在不经意间赢得别人的感谢。

提到李春燕这个名字，我们可能都很熟悉，她是2009年被评为“100位新中国成立以来感动中国人物”。“她是大山里最后的赤脚医生，提着篮子在田垄里行医。一间四壁透风的竹楼，成了天下最温暖的医院；一副瘦弱的肩膀，担负起十里八乡的健康。她不是迁徙的候鸟，她是照亮苗家温暖的月亮。”

李春燕，1977年出生于贵州省从江县，她的父亲走村串寨几十年为当地村民看病，是远近闻名、德高望重的乡村医生。在父亲的要求下，梦想考幼师的李春燕勉强读了卫校。1997年，她进入贵州省黔东南州黎平卫校，就读于乡村医生培训班。李春燕卫校毕业后嫁给了大塘村一个苗族青年成为一名乡村卫生员并且在自己家里开设了一间卫生室，成为苗寨2500多名苗族村民中第一位受过专业训练的医生。5年来看过的病人达7000余人次。

刚边寨村民组的王岁山每次打针，都要叫李春燕给他编一只金鱼。12岁的王岁山患了肠套叠。在医院治疗花光了几千元的贷款后。只好来找李春燕。从李春燕家到刚边寨，得从山上到山下，走得最快的人都得半个小时，为给王岁山治病，李春燕每天得往刚边寨来回跑4趟。两个月时间，她累得连走路都走不稳，最后，索性把王岁山接到家里来治疗，一个多月后，王岁山痊愈，而李春燕分文未收。

王岁山并不是村里唯一享有李春燕特别照顾的病人，她每次出诊，从不收取费用，村民穷，拿不出钱付医药费，大多数人看病只能赊账，卖给村民的药，也与批发价差不多，要是遇到特别困难的村民，她甚至连药费也不收。

行医的同时，李春燕还为村里的产妇接生。每年，村里由她迎接而来的新生命都有几十个。接生一个孩子，得到的回报很少超过5元钱，有时守候一个通宵，只有几角钱。

从2008年起，有关媒体陆续对李春燕的事迹进行报道。媒体的关注使她得到了全国各地热心人的支持和资助，今年5月她被评为省劳模。

在新闻媒体对李春燕报道后的一段时间，她平均每天都要接到40多个来自各地的电话，其中不少是被她的事迹感动后邀请她外出发展的。其中，一名福建老板开出了包吃包住，月薪5000元的条件。在被一些媒体邀请到深圳和北京做节目前，李春燕连省城贵阳和州府凯里都未去过，第一次走出大山的李春燕在感受到现代文明的同时，更看到了家乡的贫穷落后。“别人的邀请并不是没考虑过，如果我真的走了，这里乡亲生病后就没有人给他们医治了，我舍不得丢下他们，虽然贫穷，但他们的生命同样可贵。”村民的依赖和信任使李春燕婉言谢绝了他人的邀请。她始终认为，自己的留下至少可以给贫困的乡亲们减轻一点经济负担。

生命的意义在隐秘的收费单和先进的手术台上曾经被丢失，却在遥远的苗寨被一位平凡女子的双手找回，没有翅膀的她依然是天使。

在了解了李春燕的事迹之后，生活中的年轻人们估计都会被她这种强大的精神力量折服。没有这样一份高尚的人格，又怎样有这样强烈的社会责任感？又怎么会坚守大山，为大山的医疗事业贡献自己的力量？

有人说，我们这个社会需要用爱心来构筑。也许只是危难时伸出的援手，却可以救活一个人；也许只是薄薄的一条毯子，但它可以温暖一个人；也许只是一句鼓励的话语，但它可以换回失意者的希望……

所以，从现在开始，学会付出我们的爱心吧，点滴的爱心可能会创造奇迹。而更重要的是，这样的你能始终处于积极热情的状态，你的人生也会随之改变，你的世界也会充满欢笑，你的命运也会更加精彩有趣！

摆正心态，无需刻意伪装

能正确地认识自己，从而摆正自己的心态，不在乎表面的虚荣，他们能做到率性纯真，按照自己喜欢的方式去生活，而如果你也能做到这一点，那么快乐、幸福就会常伴你左右。

我们再来看一个好学生的日记：

可能在父母和所有同学、老师眼里，听话、学习成绩好、乖巧就是我的代名词，反正周围的人也一直就是这么评价的，同学和伙伴们也挺羡慕我，但他们从未知道，我并不是他们想象得那么完美，我只是习惯了伪装，习惯了按照大人们的要求去生活和学习。

其实，很多时候，我也想和其他人一样，想玩就玩，想疯就疯，不用关心其他人的眼光。我还记得小学的时候，那是下午的第二节课后，当时有半小时的休息时间。这是打扫教室的时间，值日生留在教室，而其他同学则去操场活动。

老师会提前警告我们，不要做剧烈活动，而如果谁回到教室手大汗淋漓，就会被老师说，尽管这样，还是有同学依旧先疯玩20分钟，剩下10分钟休息。而我每次捧一本书坐在一边，却看不进什么东西。其实我也想和他们一起玩，但是我害怕。我害怕同学们说“好同学也不过如此，只会在老师面前装乖”，我害怕老师说“一点好学生的样子也没有”。每次听着老师的表扬、同学们的羡慕或不屑之词，我一阵苦笑。

有时，我也想放下伪装，在周末时好好玩一下，不用去上那些特长班、才艺班，不过，从我小学三年级开始，我就再也没有休息过了，妈妈那时候就为我报了好几个才艺班，并且，到了初中，课程更紧了，我还得补课，妈妈也问过我的意见，我不想去，但是怕妈妈难过，我还是答应下来了。于是，我越来越多的时间花在上课和写作业之间。纵然心中很无奈，但我知道我没有拒绝的权利。与其被动接受，不如主动迎接，这样起码妈妈是开心的。

有时，我也想放下伪装，想轻松快乐地学习，不用顾及学习成绩，不用关注他人对我的眼光，不用每次考试之前都担心考不好，不用担心成绩下滑。我知道，我成绩好，父母高兴，我看上去也挺高兴，但其实只有我自己知道内心多么苦涩。

可能这是很多学习成绩优异的孩子们的内心的声音，在荣誉的光环的照耀下，他们不得不变成父母、老师眼中的乖孩子，但他们内心的苦涩、累、害怕失败，只有他们自己知道，他们失去更多的是一个孩子的真正的快乐。

生活中，我们听到周围有人说“人生如戏，全靠演技”，这是一句调侃的话，但足以说明我们不少人活在伪装和面具下，尤其太过在意他人的目光，当然，我们生活在各种各样的关系中，完全不在意别人的目光那是不可能的。而且我们对自己的评价，很多时候是需要借助别人对我们的看法而作出的。但如果我们完全活在别人的目光中，就会变得闷闷不乐、忧虑不堪，会完全失去了心灵应有的轻松与快乐。

卡内基说：“你见过一匹马闷闷不乐吗？见过一只鸟儿忧郁不堪吗？之所以马和鸟儿不会郁闷，是因为它们没那么在乎别的马、别的鸟儿的看法。”在生活中，不管是一个什么样的人，不管这个人做不做事，是少做事还是多做事，做的是什么事，他都会招来别人的看法和评价。而对于那些目光和议论，有的人会把它作为自己行动的标准，他们很在意别人是怎么看待自己的，结果所导致的情况是，他们在做事情时畏首畏尾，把自己搞得很紧张，好像自己在为别人而活似的。

其实，你根本没有必要这样，因为我们不是演员在表演，我们的目的就是要做好自己的事情，又何必苛责自己，活成别人希望的样子呢？

学会说“不”，别来者不拒

人生在世，谁都不是独立存活于世的，任何人，不论地位高低、身份贵贱，总会碰到一些求人的事。帮助朋友解决问题是我们理所应当的责任，在我们的身边，总会有一些好朋友，他们会遇到一些难以自己办到的事，自然要求人帮忙，如果我们能办到的话应尽最大的努力去办，而假若朋友提出的某些要求过分，不是我们个人力所能及的，那我们就要懂得拒绝的必要性。我们不难发现，生活中有一些人，他们毫无心眼，对别人总是有求必应，久而久之，别人就把他当成了可以随便吩咐的“软柿子”“老好人”，而这样的人真的受欢迎吗？

我们发现那些“老好人”似乎没有自己的“灵魂”，别人说什么就是什么，别人提什么要求都答应，在交往中，他们总是处于被动的地位，而这样的人并不受欢迎，因为谁都希望能从与他人的交往中获得精神营养，没有人会喜欢没有灵魂和无趣的人。

实际上，学会拒绝，是人们进行社会交往所必须的技能要求。世界著名影星索菲娅·罗兰在她的《生活与爱情》一书中，曾记下查理·卓别林与她最后一次见面时，赠送给她的一句忠告，“你必须学会说‘不’。索菲娅，你不会说‘不’，这是个严重的缺陷。我也很难说出口。但我一旦学会说‘不’，生活就变得好过多了。”要想在社交活动中取得成功，学会拒绝是必不可少的。

当然，即使拒绝朋友，我们也要掌握一点技巧。一些心直口快的人认为，既然是拒绝，有什么难的，直接说“不”即可，其实不然，如果我们全凭自己的兴致，不顾他人面子直接开口拒绝，那么对方可能会因为失了尊严而与我们疏远，那就得不偿失了。

明朝的时候，有一个叫周新的人，官至按察使（负责司法的官），权力很大，他上任后不久，就有不少人给他送礼，他都一概拒绝了。

一天，又有一个人来看望他，还带来了一只黄澄澄、肥嫩嫩的烤鹅。来人一边说“请大人尝个鲜，不成敬意”，一边拔腿就走了。对此事，周新确实很犯愁。怎么办呢？不收吧，东西已经留下了；收吧，有今天的一次，以后就会有十次、百次，那就没法收拾了。

忽然，他灵机一动，想出了一个办法。他叫来手下人，吩咐他把烤鹅挂在屋子后面。一天，两天，那只鲜嫩的烤鹅变得又干又硬，还沾满了灰尘。

以后，再有人来送礼，周新就领他去看那只挂着的烤鹅，那些人看到送礼只能落得如此的结局，也就不再送了。不久果然断绝了送礼人。

这里，周新拒绝送礼人的办法就是“借用道具”法。一只普通的烤鹅，被他挂在屋后，就成了他拒绝送礼人的道具，利用它把送礼人的念头打消了。

我们再来看看下面这位深谙拒绝艺术的女经理是如何巧妙地说出“不”字的：

某公司的销售部经理刘红是个很善于与人沟通的人，在她的手下工作，很多员工都觉得干劲十足。公司其他领导都羡慕刘红的工作模式——上班只是喝喝茶，发发工作指令，员工们心甘情愿地为其卖命，毫无怨言。其实，这都是因为刘红很善于调动员工们的积极性。

一天，市场专员小王拿着一叠厚厚的资料，来到刘红的办公室，对她说："刘总，这是这个月的市场调查报告，您有时间整理一下吧。"

刘红最近手头事情太多，而且整理资料的工作本身就是下属应该做的。于是，她巧妙地拒绝道："小王啊，你可一直是我最得力的助手啊，你看我桌上的文件，哎呀，你难道要看着我累趴下吗？算姐求你了，帮个忙吧，回头我请你吃饭。"

听到刘红这么说，小王扑哧一声笑了，不到几个小时的时间，他便把整理好的资料送到了刘红的办公室。

案例中的经理刘红拒绝下属的方法就是撒娇法，一句"哎呀，你难道要看着我累趴下吗？算姐求你了，帮个忙吧，回头我请你吃饭"，让下属看到了领导的可爱，这样一个可爱的领导，有哪个下属还会再好意思进一步要求呢？

不知你是否曾经有这样的体验，你似乎总是不愿意拒绝那些对我们示弱的人的请求，因为他们让你感到弱小，从而激发起自己内心的同情和保护的欲望，这也是人们的普遍心理。而事后，你又发现，你根本无能为力。这是很多人惹火上身的理由。反过来，你可以充分发挥自己性别的优势——适当示弱法，比如，你可以这样拒绝："你为我想想，我怎么能去做没把握的事？你让我出洋相啊。"这样说，相信对方一定会"收回成命"，另寻他法。

那么，我们在与朋友交际应酬的时候，怎样才能不伤感情的回绝他人呢？

当然，对于拒绝也不能一概而论，要具体问题作具体分析。一般情况下的拒绝应分为几种情形：

一种是直截了当地拒绝。这种拒绝方式一般是因为被求者是个干净利索、不拖泥带水的人，办事风格上也是风风火火。

还有一种是委婉地拒绝，这种情况下，被求者碍于面子，考虑到直接回绝朋友会伤及自己的面子和别人的自尊，于是，先绕个弯子，曲曲折折地拒绝，也可能采取其他方式逃避别人的要求，这是一种迂回的拒绝方式。

除了以上这种方法外，适当的时候，你还可以用充足的理由和诚恳的态度直接拒绝别人。在拒绝别人时，有充足的理由是必不可少的，只要你的理由真实，语言诚恳，对方一般都不会再对你的拒绝进行反驳。

总之，人际交往中老好人并不真正受欢迎，因为缺乏一定的灵活性，让他人觉得无趣乏味，因此需要我们学习一些必备的拒绝他人的技能，在不伤及友情的情况下拒绝，这是最高境界的拒绝，这样，我们彼此之间的友谊便不会因此受损，真心交友便会互助一生！

第07章 你怎样度过一天，就会怎样度过一生

现代社会中的人尤其是是那些努力工作的人们，就如不停旋转的陀螺一样，从未停歇过，但这样的人生就是有趣的吗？事实上，我们发现，他们总是脚步匆匆，心事重重，年复一年，日复一日，却一不小心却加入了“亚健康”人群。其实，人生的路并不长，我们最大的幸福莫过于好好活着，珍惜今天，珍惜当下。你怎样度过一天，就会怎样度过一生。因此，我们每个人都要做到认真、充实地过好每一天，努力工作和学习，但同样也要享受人生，享受生活，如此才能更好地投入到工作中。

关注健康，养成良好的生活习惯

我们都知道，人的天性就是追求快乐而逃避痛苦的，而人们获取快乐的一个重要的方法便是享乐。随着物质生活的提高和科学技术的进步，一些人被周围的花花世界所诱惑，一有时间，他们置身于灯红酒绿的酒吧、歌厅，总是大鱼大肉、暴饮暴食，时间一长，不但他们的心无法平静，身体的健康也亮起了红灯。随着物质生活水平的提高，要想练就一个健康的体魄，我们更要养成健康的生活习惯。

小李是化妆品公司的销售总监，为了维持自己良好的外在形象，她特别注重保持和控制自己的体重。从大学开始，她几乎每周都会称一次自己的体重，以保持好身材。

她专门为自己定做了有着均衡营养却又不会导致身体发胖的膳食菜单，即便是在外面就餐，她也会饭前先喝一碗汤，一直坚持每顿只吃七分饱，即使看见自己最喜欢吃的菜肴，她也能克制住自己。平时的她，并不像很多女孩子一样偏爱零食，倒是经常在冰箱里摆满了水果、牛奶，还有一些绿色蔬菜。工作休息之余，她还会在家里练练瑜伽、做做运动，公司放长假的时候，她还会约上几个朋友一起出去爬山、徒步旅行。在她看来，好身材并不只是苗条，还需要健康。

小李做销售总监已经两年了，每次与客户见面都会受到客户的称赞，而公司总经理也一直把她当做自己公司的“形象代言人”。

其实，很多人肥胖的原因就在于自己没有自制力，他们在自己喜好的食物面前完全没有力气去抵抗。食物对于他们而言，就是有致命的吸引力，在他们的生活里总是关心着哪些食物好吃，哪里又新开了一家餐馆。当他们在镜子里看见自己全身的赘肉，才意识到自己的身材已经完全走了样。

事实上，任何一个热爱生活、热爱生命的人，都关注健康，他们绝不放任自己、挥霍健康，所以为了养成一个好的身体，我们需要做到：

1.早睡早起

这一点我觉得是很多人都不能做到的，但这也是生活中应该具有的良好的生活习惯。人只有生物钟准时了，符合规律了身体才能健康，工作才能稳固。

2.保证充足的睡眠

睡眠是大脑休息和调整的阶段，能保持大脑皮层细胞免于衰竭，使消耗的能量得到补充，使大脑皮层的兴奋和抑制过程达到了新的平衡。良好的睡眠有增进记忆力的作用。我们每天应保证8小时的睡眠时间。同时要注意睡觉时不要蒙头，因为蒙头睡觉时，随着棉被内二氧化碳浓度的不断升高，氧气浓度不断下降，大脑供氧不足，长时间吸进污浊的空气，对大脑损伤极大。

3.控制饮食

无节制地饮食会对我们的身心产生巨大的危害：摄入食物太多，会导致肥胖、高血压、高血脂等一系列身体问题的出现。另外，饮食紊乱还会导致神经控制上的紊乱，而后又会加剧饮食紊乱，如此恶性循环，最终我们便很难摆脱饮食无度带来的苦恼。曾有医学专家提出了这样的忠告，在感到饿的时候再吃东西，吃得精致、素淡一点，快要饱的时候就坚决放下筷子，离开餐桌。这样，能帮助你控制自己的食欲。

曾经有一项心理实验，被测试者是一群大学生，他们被要求自我控制，这项自我控制是与食物和节食没有半点关系的，但结果却表明，他们对甜食的渴望更加强烈了。

后来，研究者允许他们在实验间隙吃点甜食，结果，研究者发现，这些曾自我控制的人吃了更多的甜食，而对于摆在现场的其他味道的食品，他们并没有多吃。

因此，从这个角度看，一个人若想管住自己的嘴巴并不是件容易的事，我们不仅需要战胜自己的心理，而且更需要我们的意志力，有了意志力，我们一定能做到。

4.不要带病用脑

在身体欠佳或患各种急性病的时候，就应该休息。这时如仍坚持用脑，不仅效率低下，而且容易造成大脑的损伤。

5.多读书

闲暇时我们不妨多花点时间看书、学习，不断地充实自己，不仅能让我们在未来激烈的社会竞争中立于不败之地，也能让我们远离嘈杂的人群、内心清净。

6.坚持体育锻炼

一个真正会学习的人不会打疲劳战，而是懂得通过身体锻炼来调节身心的压力。不知你有没有这样的体验：当情绪低落时，参加一项自己喜欢又擅长的体育运动，可以很快地将不良情绪抛之脑后。这是因为体育运动可以缓解心理焦虑和紧张程度，分散对不愉快事件的注意力，将人从不良情绪中解放出来。另外，疲劳和疾病往往是导致人们情绪不良的重要原因，适量的体育运动可以消除疲劳，减少或避免各种疾病。

总之，养成良好的生活习惯的法宝在我们自己手中，按照以上几点来生活，相信我们也能拥有个强健的体魄。

每一天都做最好的自己

我们都知道，在这个世界上，从来就不会有“天上掉馅饼”的美事，即使真的有，你也会因此而付出一定的代价。生活中，多少人梦想着一夜致富，或一夜成名，但那不过是痴人说梦，不努力怎么又会有所获得呢？相反，那些真正富有、成名的人，在他们光鲜的背后有着不为人知的艰辛付出。要知道，成功的道路从来不是平坦的，而是坎坎坷坷、荆棘满地，而成功唯一的途径就是不断努力，勇往直前，每一天都做最好的自己。

懒惰是最大的罪恶，上帝永远保佑那些起得最早的人。只要你把握好当下的每一天，珍惜时间努力提升自己，把所有的设想、计划、要求、标准都付诸行动，你的人生境界就会获得一个质的提升。

同样，我们生活中的每一个人，对于自己的未来都要满怀信心，并树立伟大的理想，理想能指导行动，让你的努力都有一个明晰的主线，但对于未来的憧憬，你必须落实到今天的努力中。如果你每天都在展望自己的未来而不踏实工作、生活的话，那么只能让心智沉浸其中，陷入人生的陷阱。

有首古诗说得好，“明日复明日，明日何其多，我生待明日，万事成蹉跎”。我们任何一个人，都应该把眼光着眼于当下，只有把每一天过得实在有意义，把每一天的学习任务及时完成了，才能在每一天悄悄地成长，慢慢地长大。当你回过头来的时候，你会惊讶地发现，原来自己的每一天过得是这样的充实，你会为自己而感到骄傲和自豪。

约翰·霍普金斯学院的创始人威廉斯勒曾经是英国医学院的一名学生，他的成功来自于他老师的一句话的启迪。

那还是1871年的春天的事情，那时候的威廉斯勒正处在心情烦躁之中，因为他不知道如何处理远大的理想和具体的身边小事之间的关系，也不知道自己该如何做事才能成功，于是，他去请教他的老师，老师告诉他："最重要的，就是不要去看远方模糊的，而要做手边最具体的事情。"他这才恍然大悟：是啊，不论多么远大的理想，都需要一步步实现啊；不论多么浩大的工程，都需要一砖一瓦垒起来啊。

也就是从那一天开始，威廉斯勒开始埋头读书，两年以后，威廉斯勒以全校最优异的成绩毕业。毕业后来到一家医院做医生。他认真对待每一个患者，每一次出诊都一丝不苟。兢兢业业的态度和精益求精的精神，使他很快成了当地的名医。几年以后，他创办了约翰·霍普金斯学院。他把自己的人生态度贯彻到每一个细节里。许多专家学者慕名来到他的学院工作，使他的学院很快成为英国乃至世界最知名的医学院。威廉斯勒总是告诉他身边的人：最重要的是把你手边的事情做好，这就足够了。

威廉斯勒为什么能成功？因为他从他的老师的话中悟出，一个人只有踏实努力、努力充实好每一天，把自己的人生态度贯彻到每一个细节中，由量的积累达到质的飞跃，才能将理想化为现实。

现代社会，知识改变命运这个道理早已毋庸置疑，时代正在急速发展，各种技术日新月异，已经对生活在这个时代的人提出了新的学习的要求，但无论何时，勤奋永远是我们应该摆在第一位的学习态度。如果你没有时刻学习的意识，不通过学习了解并掌握新技术，那么你跟不上时代的发展是必然的。

为此，你必须要做到两点：

1.紧紧抓住时间骏马的缰绳

一个人只有珍惜当下、充分利用好当前的时间，才能真正做到一举成名天下知，而只是置身于对未来的向往中看似是珍惜时间，实际则是在浪费生命。要知道，未来再美好，若不注重脚下的路，那么，你也走不到未来。

2.科学地安排好时间

会安排时间的人，会把最重要的事安排在头脑最清晰的时间段，这样就会事半功倍。俗话说“好钢用在刀刃上”，在时间的安排上亦是如此。

今天不过去，明天就不会来到，再伟大的理想，如果没有一天一天的累积，也会倾塌。在生活中，输得最惨的往往是些聪明人而不是笨人。原因就在于笨人知道自己不够聪明，只能靠苦干、实干才能创造好的生活，最终他们如愿以偿了。而聪明人做事时则不肯使力气，总想着要小聪明，投机取巧，所以往往输得很惨，所以智慧和实干比起来，实干更加不可或缺。

我们每个人，若想获得一个成功的人生，不仅要积累基础知识，更要修炼成功的素养，心态改变命运，活好当下，全身心投入你现在的生活和学习才是基础。未来靠的是现在，现在做什么，怎样做，要达到什么目标，才能决定未来是怎样。因此，你要记住，不要急功近利，努力、认真过好每一天，明日自然就会来到。如此持之以恒，五年、十年过去时就会结出硕果。

在当今这个生活节奏紧凑的年代里，人们似乎每天都没有充余的时间去做完想做的事，所以许多念头就此打消了。但世界上仍有许多人坚持每天至少挤出一小时的时间发展自己。

劳逸结合，会工作更要懂休息

中国的文化崇尚工作至上，在这样文化的影响下，很多人在工作中越来越拼，经常在办公室挑灯夜战，从来不出门旅游，这样拼命工作的人其实已经忽略了生活的美好，更何况工作得多并不意味着应该受到表彰或加薪。过度工作很有可能会降低自己的工作效率、消磨自己的创造力，甚至对你与家人和朋友的关系产生负面影响。

用持之以恒的精神拼搏、奋斗是我们必须具备的一种品质，但并不意味着要一刻不停的奔波与忙碌。适可而止，会休息才会成长。只会向前猛冲，而不懂得减速缓行的人，在人生的某个弯道处，一定会冲出跑道，损失更多。

因此，身处职场下的我们在工作之余，一定要懂得休息，只有劳逸结合，才有更高的工作效率。事实上，我们看到不少人，为了工作而牺牲了健康和幸福，可谓得不偿失。

生活中，那些工作狂为什么那么拼命地工作呢？他们最主要的目的就是挣钱，而挣钱为了什么呢？难道仅仅是因为让自己的生活更物质一些吗？在物欲横流的今天，越来越多的人物质充足，但其精神却很贫瘠，心灵无法得到休息。这主要是因为他们模糊了挣钱的真正意义，其实挣钱的意义在于享受生活，而不是折腾生活。

事实上，人是一种有着美好憧憬的动物，年轻的时候，我们总是想着等到老了以后，得到了许多物质的满足，再去好好享受；当我们有了孩子的时候，总是惦记着让子女好好享受。至于自己到底需不需要享受，自己什么时候享受，却从不去认真考虑。所以，事实上，很多人不会享受。

享受生活归根结底是一种心境。享受的关键在于寻找快乐的人生，而快乐并不在于其拥有多少、获得多少，生活质量如何，而是在于其怎样看待周围的人和事情，怎样让自己有一颗接纳一切快乐事物的心。

或者可以说，整日忙碌并不是每个人都想过的一种生活。对于我们大部分人而言，与其成为另外一个不要命式的工作狂，还不如做回自己，静心地享受生活。

有个人特别羡慕别人骑马，非常渴望有匹自己的马。在他看来，骑马是那么潇洒，那么威风，而用脚走路真是太麻烦，太没有意思了。

有人告诉他，如果想得到马，必须用双腿来换。那人听了之后，立刻毫不犹豫地献出了自己的双腿。他于是得到了一匹马。

骑上马真是太令人兴奋了。正如他所想象的那样，马在草原上奔驰，仿佛在天空中飞翔。这种感觉让他沉醉，他庆幸自己的选择。

但是，人总不可能生活在马上，骑了一阵子后，他开始有些疲倦，渐渐变得兴趣索然了。于是，他想下马，可是没有了脚，他站都站不稳，一切都需要人帮助，到这个时候，他才发现自己所面临的是一种什么样的困境。

这种交易很明显是愚蠢的。但在我们生活的周围，却不乏这样的人，他们为了追求所谓的幸福，牺牲了更为有价值的东西，比如健康、亲情等。

当一个人拼命工作到忘记了家人和朋友，尽管他的物质生活是富足的，但其精神生活却是一片贫瘠，他的内在心灵更是一片荒芜的花园。因为他不懂得享受生活，自然感受不到来自生活的快乐。工作的功利性目的是为了挣钱，但这并不是其最终的目的，享受生活才是挣钱的最终目的。

生活中，享受生活是人生的特殊体验，在越来越喧嚣的尘世中，我们逐渐背离了享受生活的本质。在拼命工作的过程中，我们变得越来越提得起、放不下，为享受而享受，把挣钱、占有当作是享受的终极目的。这样一来，生活中感受到的苦多乐少。

尽管，激情和梦想是上天赐予自己的礼物，为自己热爱的事业而努力更不会是一种错误。但是，我们的休息也很重要，除去忙碌的工作时间以外，我们应该更多地享受生活，享受与家人朋友待在一起的感觉。这样我们才能收获更多来自心灵深处的快乐。

其实，享受生活是一种感知，我们在忙碌之余，要学会品味春华秋实、云卷云舒，一缕阳光、一江春水、一语问候、一叶秋意都是生活里醉人的点点滴滴。

在工作中，我们适时调整自己也是必需的，一个真正会学习的人不会打疲劳战，而是懂得充足的休息才有更充沛的精神。

那么我们该怎样做到劳逸结合、调整自己呢?

1.统筹兼顾、合理安排。

你应该合理分配工作、休息的时间，做到劳逸结合，把握好生活节奏。

2.多做体育运动。

3.留出一些机动时间以处理突发状况。

很多人认为，忙碌的一天才是充实的一天，以至于他们经常把一天的日程安排的满满的，但一遇到突发事件，就手忙脚乱了。其实，你应该学会合理规划时间，留出一些时间处理突发情况；而即使没有出现这些突发事件，你也能给自己一个放松和休息的机会，或与父母、朋友联络一下感情、考虑一天工作中的得失等。

总之，日常工作中，我们只要合理安排时间，懂得调节自己，做到劳逸结合，大可以不慌不乱，甚至有一些充裕的时间享受生活。

健康饮食，吃出健康好身体

生活中，我们每个人都需要吃饭，以维持正常的生理需要，这就是人们常说的“人是铁饭是钢”“民以食为天”，然而，如果我们不加节制地饮食，那就有可能危及到我们的身心健康。就是有这样一些人，他们似乎无法控制自己定期或不定期地暴饮暴食，甚至不加节制地大鱼大肉，最终就会造成体形肥胖，影响身体健康。

琳琳今年刚大学毕业，和很多毕业生一样，她也投入了找工作的浪潮中，但令她沮丧的是，因为太胖，很多用人单位都拒绝了她。看到现在的状况，琳琳后悔不已。其实，一年前的琳琳还是个身材苗条的女孩，但失恋对她的打击实在太大了，她不知道如何排遣。一个朋友告诉她，吃东西能让自己的心情好起来，于是，她开始疯狂地吃，她发现这个方法似乎真的有效，失恋期过了，她却变成了胖子。更要命的是，她居然开始迷恋美食，以前逛街，她最大的爱好是买衣服，现在则是先打听哪里有好吃的。大学的最后一年，她整整胖了四十斤，曾经那些瘦小的衣服再也穿不下了，周围追求自己的男生也没有了，她逐渐变得自卑起来，走在马路上，她总能感觉到周围人奇异的目光，而如今，找工作四处碰壁更让她倍感难受。

琳琳突然意识到，是该控制一下自己的饮食了……

从琳琳的故事中，我们看到了一个无节制饮食者遇到的苦恼。事实上，在我们生活的周围，这是很多人无法攻克的挑战。无节制饮食除了会引发一些身体健康问题，比如肥胖之外，还有其他许多方面的影响。在某一段时间内，你的身体需要进行高负荷运转，由此，会出现一系列的生理反应，我们的生命力也会被破坏。另外，我们的自我形象的还会受损，相对来说，人们更喜欢那些身材苗条的人，至少我们会因此获得一些审美愉悦。再者，他们的自信心、毅力等也会受到影响。无节制饮食很容易成为一个习惯而且很难改掉。

然而，养成良好的饮食习惯需要是高度的自制力，只要我们加以控制，养成习惯，将会对我们受用终身。

那么，我们该养成哪些良好的饮食习惯呢？

1.吃饭吃到七分饱就行了

生活中，我们总是希望别人能吃饱。但是，吃的太多就会使得肠胃不舒服，也会影响心情。因而，吃饭七分饱，可以保证你不饿就行。如果觉得心情不好而暴饮暴食，不但会让你的身体因为营养过剩而变形，还会因为身体不舒服而生气和不满，这在一定程度上增加了你内心的郁闷情绪。因而，健康的饮食，吃饭吃到七分饱的时候一定要克制自己不能再吃。

2.少荤多素

一般情况下，过于油腻的东西会加重身体的负担，长期大鱼大肉甚至会影响健康，而新鲜的蔬菜清淡爽口，少荤多素，合理搭配，吃起来心情也会轻松。

3.讲究“色、香、味”俱全

健康的饮食要讲究“色、香、味”俱全，这样吃起来才会感觉到是一种享受。如果把饭做成一个颜色，你会觉得生活枯燥单调，自然不愿意多吃。

4.常换口味

人对于经常看到的东西都有视觉疲劳。同样，同一个菜连续吃两次以上，就会产生味觉疲劳而本能地产生抗拒。因而，我们做饭菜时就要变换种类，以保证味觉的新鲜。这样，你的心情才会保持新鲜，才会开心快乐。否则，每顿饭都看着同一个菜，人会因感觉到生活没有改变而黯然神伤。可见，要想用健康的饮食调节身心，不妨经常变换饭菜的种类。

现代社会，随着人们工作和生活节奏的加快，越来越多的人难得有时间给自己和家人做一顿健康美味的菜肴，也很少有时间用心享受美食。我们忽略了，好的身体是工作和学习的前提，我们只有吃得健康，才会身体健康，因而这一点绝不能忽视。

第08章 不用追求完美，有趣就行

我们都知道，事物总是循着自身的规律发展，即便不够理想，它也不会因为人的主观意识而发生改变。不完美的生活才是真实的，也才是美丽的，花开虽艳迟早要败，燕舞虽美却秋来南飞。完美的生活只会让生命失去意义，失去真实，失去意气风发的自我。所以，我们要记住，凡事不必追求完美，有趣就好，那么快乐、幸福就会常伴我们左右。

生命的美丽在于真实，完美根本不存在

追求完美，似乎是每一个人的梦想，在这样追逐完美的过程中，无数的烦恼困扰着他们，越是较真，越是觉得心很累。或许，在任何人的心中，完美都是一座宝塔，我们可以在内心里向往它、塑造它、赞美它，但是，我们却不能把它当作一种现实存在，这样只会让我们陷入无法自拔的矛盾之中。在某些时候，我们应该放下苛刻，别被不真实的完美压垮。一个人不能在自我怜悯中空虚地度日，最重要的是，我们不应该事事较真，而是学会珍惜眼前的幸福。智者说："追求完美是人类正常的渴求，同时，却也是人类最大的悲哀。"对于我们而言，应该放下内心的苛求，放弃追逐完美的诉求，最终拥抱简单的快乐。

在哈佛幸福课教授沙哈尔的课上，有个人站出来提问："请问老师，您是否知道您自己呢？"

被学生这么一问，沙哈尔才意识到，自己是否真的了解自己，然后他告诫自己，一定要想清楚这个问题，一定要细心观察，了解自己的个性，发现自己的心灵。

一到家，沙哈尔教授就拿出镜子，端详着自己的外貌、表情，然后来分析自己。

首先，沙哈尔就看到了自己闪亮的秃顶，想："嗯，我和莎士比亚一样。"

随后，他看到了自己的鹰钩鼻，心想："嗯，大侦探福尔摩斯不也是这样的鼻子吗，他可是世界级的聪明大师。"

看到了自己的大长脸，就想："嗨！美国总统林肯就是一张大长脸。"

看到了自己的小矮个子，就想："哈哈！拿破仑个子就很矮小，我也是同样矮小。"

看到了自己的一双大撇撇脚，心想："呀，卓别林就是一双大撇撇脚！"

于是，第二天课堂上，他抬头挺胸地对学生："古今国内外名人、伟人、聪明人的特点集于我一身，我是一个不同于一般的人，我将前途无量。"

或许，在别人看来，沙哈尔的长相既不出众，更算不上完美，但他很会欣赏自己。怀着这一份知足常乐的心态，他将自己身体的每个部分都与名人、伟人、智者扯上了关系，即使自己的五官不是完美的，但自己一定是一个前途无量的人。沙哈尔不再苛责，因此他收获了一份最简单的快乐。

同样，我们的生活也是充满遗憾和不完美的。比如家，大家都知道这是一处放纵自我的温馨、甜蜜、幸福、闲适的自由自在的空间，如果因自己的追求完美，而对家人增加了许多的限制，这不准那不行，令家人不开心，也会使自己不愉快。本来大家在外面一天言谈举止都受到多方面的限制，自己也会为了保持个人形象尽力做到最好，回到家再受到限制，当然都会不开心的。所以力求完美，也要看时间、地点、场所，过分要求完美反倒不完美了。

再比如，很多男女双方在恋爱之初，都表现得极为完美，都极力把美好的一面表现给对方看，而另一方也会因为欣赏而用审美的心态接受了对方伪装的面貌，因达成的美感而步入婚姻。而一旦成为夫妻后，渐渐地发现，彼此不再是初识的那个人，于是便开始了失望、抱怨、争吵。其实，我们应该明白，人还是那个人，都是普通的人，并不是完美无缺的童话中的王子、公主，只是在婚前你看到的都是完美的一面而已。

生活毕竟是烦琐的，适度地放松实在比事事力求完美更重要，否则把自己和周围的人都弄得紧张兮兮的，就太不完美了。不完美就让它不完美吧！既然无法达到完美，一味地追求完美岂不是给自己增添许多烦恼？所以，学会和遗憾、不完美为伴吧。人生不可免的缺憾，你怎样面对呢？

逃避不一定躲得过，面对不一定最难受，孤单不一定不快乐，得到不一定能长久，失去不一定不再有，转身不一定最软弱。别急着说别无选择，别以为世上只有对与错，许多事情的答案都不是只有一个，所以我们永远有路可以走。

你能找个理由难过，你也一定能找到快乐的理由。

懂得放心的人找到轻松，懂得遗忘的人找到自由，懂得关怀的人找到朋友，天冷不是冷，心寒才是寒。人的成长伴随着一些失落，人的成熟附带着一些伤痕。好在有希望这东西，你总还可以去等；好在人与人之间，距离产生美感；好在生命里，快乐比痛苦多；好在这个世界，还有很多美丽；好在当你成熟的时候，你还不算一无所有。

做好自己，有趣的人从不苛求被每个人喜欢

在我们的现实生活中，大概我们每个人都希望能获得周围人的肯定，但我们要明白的是，我们不可能让所有人都喜欢我们，如果我们奢求获得所有人的喜欢，那只是庸人自扰。德国哲学家尼采说："面对别人的不喜欢应有坦然的态度。对方若是从生理上厌恶你，即便你多么礼貌地对待他，他都不会立刻对你改观。不可能让全世界的人都喜欢你。以平常心相待便是。"诗人但丁也曾说："走自己的路，让别人去说吧。"的确，我们不可能获得所有人的支持和认同，面对他人的不喜欢，我们应该持有坦然的态度。

事实上，那些有趣的人总是特立独行的，他们从不奢求让所有人都欢他们，他们始终坚持做自己，保持自己的个性，而这样的人生才是真实的，才是趣味横生的。

有人问孔子："听说某地有个人，周围的四邻八里中有德

行的人都喜欢，您觉得呢？”

孔子答道：“这点固然难得。但如果能让所有有德操的人都喜欢他，让所有道德低下的人都讨厌他，那才是真正的君子。”

对于这一问题，美国作曲家狄姆斯·泰勒做法更干脆，对于别人的批评，他丝毫没有被影响，反而能在公开场合一笑置之。

在星期天下午的音乐节目中，他说，曾有位女士给他写了这样一封信，内容大致是骂他是“叛徒”“骗子”“白痴”“毒蛇”等。在后来他的作品《人与音乐》中，他提及了这一段往事：“刚开始，我以为她只是开开玩笑，随便说说的，在第二个星期的广播节目中，我把这封信公开地念了出来。可是谁知道，就在几天之后，我又受到了这位女士的来信，她依然坚持她原来的想法，在她口中，我依然是一个骗子、一个叛徒，一条毒蛇和一个白痴。”

美国企业家查尔斯·史瓦伯曾经在普林斯顿大学做学生演讲，他说自己曾接受到的最深刻的一次教育是钢铁厂中的一位老工人告诉他的，这位老工人和另外一个工人卷入了一场激烈的争斗中，结果最后那人把他扔进了河里。史瓦伯对我说：“我看见湿漉漉的一个人来到我的办公室，然后问他到底发生了什么，是什么语言激怒了对方让他把你丢进河里，他的回答是：‘我什么都没有说，只是一笑置之。’”从此，史瓦伯把这位老工人的话当成人生的信条。

不止如此，其实我们任何一个人，都应该记住这句话，对于别人的攻击，如果你反驳的话，那么可能会让对方更加争锋相对，但是如果你“一笑置之”，那么对方还能说什么呢？

林肯总统带领军队结束了美国内战。假如他不会处理那些纷至沓来的攻击，那估计他早就崩溃了。林肯对付那些恶意批评的方法已经成为各国要人学习的榜样。在麦克阿瑟将军的办公桌和丘吉尔的书房里，都有林肯总统的这段话：“对于任何攻击，只要我不作出任何反应，那么，这件事自然会告一段落。我会努力做好，直到我的生命结束。我相信，最终能证明我是对的，那些指责是莫须有的。当然，假如证明是我错了，如果有10位天使站出来为我说话，那么也无济于事了。”

世界上确实有不少人，你越是努力和他结交，努力给他帮忙，他越是不把你放在眼里。反之，如果你做出成绩了，又不狂妄自大，自然能赢得别人的敬重。

然而即使你做得再完美无缺，也没有招惹任何人，仍然会有人看不惯你，仍然会有很多不利于你的传言。对某些心胸比较狭隘的人来说，你不需要招惹他，你在某方面比他优秀，这就已经招惹他了。但其实反过来一想，无论你怎么做人做事，总是有人欣赏你，让所有人喜欢是件不可能的事，想让所有人讨厌也不那么容易。

因此，生活中的我们也要明白一个道理：让所有人都喜欢我们是很不成熟的想法，不必委曲求全、做好自己，你才能获得快乐。把事情做好的方法有很多，但首要的一条就是“不要试图把所有的事情都做好”；处理人际关系的准则也有很多，但最重要的一条是“不要试图让所有人都喜欢你”。因为这不可能，也没必要。

不完美的人更有趣可爱

生活中的人们，相信你在与人交往的过程中都有这样的感受，那些看起来完美无瑕、毫无缺点的同事或朋友其实并没有多少人愿意亲近他们。这是为什么呢？因为人们都不希望别人表现得比自己优越，而且，那些看起来很优秀的人一点也不可爱。“金无足赤，人无完人”，越是苛求完美，人际关系也越差。

同样，在与他人交谈的过程中也是如此，那些表现得十分完美的人，人们往往敬而远之；而相反，一些人能适度表现出一些小缺点，会衬托出对方的优点，这样，被赞赏后的对方觉得你更可爱和真实，也不会因为你存在的一些小缺点而疏远你。

因此，如果你想赞美某人，也可以从展现自己的一些小缺点开始，再进行巧妙的对比，那么，对方的优点也就显而易见了。

二十世纪九十年代，某国工厂的某车间接到国库券认购任务。这是一个上百号工人的大厂子，因此，有几百名工人认购了不同的数额，但工厂偏偏有几个不愿认购的“老顽固”。这几个拥有30年左右工龄的老工人，任凭车间主任磨破了嘴皮，依然不肯认购，这让作为车间主任的刘大姐很是为难。

“不是说要自愿吗？我不自愿！”

前后已经开了三次动员会，依然毫无结果。下班时，刘大姐把这几位老工人送到车间门口，轻声说：“我现在很为难，大家都是重情义的老员工了，请大家帮个忙。”

奇怪的是，原先态度还强硬的老工人听了这句语重心长的话，竟纷纷表示：“主任，我们不会让你为难。”说完，大家立即转身回去签名认购。

很快，国库券的认购任务就完成了。

在现实的职场中，领导者很少向下属承认自己能力的不足，但这则案例中，刘大姐只不过是说了一句表明自己难处和赞美对方的话，没想到更有说服力。作为老工人，虽然文化水平不高，但重情义。现在，一个管理一帮大男人的女人找自己帮忙，谁又会拒绝呢？

从这则故事中，我们可以看到适度展现自己小缺点的方法在沟通中的重要性。有研究结果表明：对于一个德才俱佳的人来说，适当地暴露自己一些小小的缺点，不但不会使形象受损，而且会使人们更加喜欢他。其实，这绝不仅仅是是社会心理学中的“暴露缺点效应”，更重要的是，人们都喜欢被他人认可和肯定自己的能力，这种认可可以通过比较得出，如果他的朋友在所有方面都表现得比自己优秀，那么，这种优越感也就荡然无存了。

所以，与人交往，你可以通过适度暴露自己的一些不足来满足对方的虚荣心，你就能拉近彼此距离、增进感情了。当然，主动向他人展示自己的一些小缺点，还必须注意一些问题：

1.把握“度”的问题

因为，“过多地暴露”或者“和盘托出”都会存在风险，那有可能导致对方顺着你的思路去评价你，最终导致的结果是让对方远离你，因为和人们不喜欢“完美”的人一样，他们也不喜欢全身满是缺点的人。此时，即便你再巧舌如簧地赞美对方，对方也不会对你留下什么好印象了。

因此，提倡“自我暴露”，并不是让你去不看对象、不分场合、不问情由地“胡暴乱露”一通，我们不妨选择暴露那些不会影响到整体形象的“小事件”“小缺点”“小毛病”等。

2.要遵循相互性原则

“相互性原则”的含义是：“自我暴露”必须缓慢到相当温和的程度，缓慢到足以使双方都不致感到惊讶的速度。如果过早地涉及到太多的个人亲密关系，反而会引起对方强烈的排斥情绪，引起焦虑和自卫反应。

因为并不是说一个人的缺点越多，越能增加魅力，要知道，面对那些满身缺点的人，任何人都不会喜欢的。

因此，人际交往中，我们若想成为一个有趣的人，让他人喜欢你，就不要苛求完美，相反，你可以适度暴露自己的一些小缺点，以此来赞赏对方，让身边人产生亲近之感，为你赢来好人缘。

以真实面貌示人，无需刻意伪装

细心的朋友们会发现，生活中的那些处处受欢迎的人，往往并不是大家眼中的完美者，他们虽然看起来大大咧咧的，但却很真诚，而且当他们敞开怀抱容纳他人，他人也一定会感受到他们的心意，从而对他们也更加真诚友善。这就是人与人之间的相互作用力。所以朋友们，不要再抱怨他人不愿意靠近我们，与我们交往，而要首先反省我们自身是否已经打开心扉，迎接他人的到来。

很多人都觉得自己的人生被禁锢了，其实，禁锢我们的并非是客观外界，而是我们的心。正如一位名人所说的，每个人最大的敌人就是自己。假如我们突破和超越自己，我们的人生也就会迈入更加广阔的天地，变得更加自由和无拘无束。那么，到底是什么东西在禁锢着我们呢？其中之一就是苛求完美的思想，正是这样的思想，让我们在为人处世和人际交往中受限，而如果我们学会以最真实轻松的样子与人交往，往往更可爱有趣，他人也更愿意亲近我们。

小静毕业后，顺利进入了现在这家大公司工作，她努力工作，待同事们好，总是想表现得完美一点，希望能得到大家的喜欢。然而，她好像无法融入集体，大家也总是觉得她是个菜鸟，喜欢将脏活累活都给她做，而并未把她当朋友，她很苦恼，因而特意咨询了公司心理诊室的陈医生。

在给小静做完心理测试后，陈医生对小静说：“其实，你的能力很强，愿景也是好的，但是你唯一的不足在于你对于人际关系非常紧张，不愿意敞开心扉面对其他人。”小静委屈地说：“实际上我也很愿意结识新朋友，所以才想尽量做到最好”，陈医生笑了，说：“所有新人初入职场，尤其是进入一家新公司，都需要经过一个适应过程。尤其是和同事之间的关系，当然老同事喜欢做事成熟稳重的新人，但却不喜欢总是戴着面具的人，其实，你可以放松些，平时多请教一些疑难问题，或者主动和老人交流，畅谈在工作中的感受。但是总的原则是，新人要敞开心扉，不要总是绷着，其实，偶尔犯傻，更容易被人接纳。”

陈医生的一番话打开了小静的心结，一直以来，她觉得只有做到最好才有人关心她，但其实没人喜欢与一个过度包装的人打交道，想到这一点，小静意识到是时候放下伪装了，于是，她就和老员工像与朋友们相处那样轻松自如，果然很快与一个和善的老员工打得火热，也以此为突破口征服了更多老员工的心。两个月之后，小静成为公司里最受欢迎的人之一，她在工作上也取得了突飞猛进的发展。

人与人之间相处的目的实际上是为了达成沟通，基于这个目的，我们要想与他人之间建立友善的关系，就必须首先敞开心扉，向他人展示我们的真诚友好。当我们传递出的友好讯息被他人所接受，他人自然也会投桃报李，友善地回应我们。在此基础上，一来一往的交往就成功建立，我们与他人之间的关系也得到有效改善。

现实的生活中，我们发现，那些看上去并不完美的人往往对于整个世界都非常热情，而且他们对于自己的人生也有着强烈的进取心。他们充满活力，不管做任何事情都能够保持强劲的动力，哪怕他们知道自身有着很多的缺点和不足，也不会自暴自弃，而是会努力提升和完善自我。在人际关系中，他们人缘很好，因为他们总是能够积极主动结识陌生人，在和朋友的交往中也乐于付出，喜欢交流，因而很容易在人际交往中保持良好的互动。和他们相比，那些过度完美的人，根本无法适应社会的需要，甚至无法在这个社会上成功地生存下来。所以，我们千万不要因为追求所谓的完美而就对自己万分紧张，甚至禁锢自己的发展。

需要注意的是，我们生活中的不少人为了留下在他人心中的完美形象，总是习惯于隐藏自己，而用各种伪装之后的面目示人。实际上，这一则会使他人误解我们，二则也会阻碍我们与他人之间关系的发展。真正的社交达人从来不会刻意伪装自己，而是会以自己的真实面貌示人，这样的人际关系才会更加长久的，也更容易建立良性发展的秩序。

第09章 有趣的人总能把生活过得鲜活热闹

我们发现，生活中有这样一些人，他们虽然不富裕，但他们似乎有某种魔力，即使遇到再大的困难，他们也总是以微笑示人；即便是最简单的一顿饭，也能充满艺术气息；即使一个人，他们也可以过得充实而有趣，因为他们热爱生活，他们本身也就是有趣的人，所以，在让生活变得有趣以前，我们首先要成为一个有趣、能与自己相处的人。

别不承认，你很热爱生活

有人说，生命是一个括号，左边括号是出生，右边括号是死亡，我们要做的事情就是填括号，要争取用精彩的生活、良好的心情把括号填满。因此，我们每个人都要珍惜今天，热爱生活。人就是要活出自我，活出自己的风格，多给自己一点点爱，多珍惜自我，像季羡林老先生一样“快乐地活在当下”。因为不懂得珍爱自己的人，也不会真正懂得去爱别人。学会给自己亮丽的心灵画上会飞的羽翼，即使不能飞翔，至少证明我曾爱过自己，也推己及人地爱过他人，我们的心是洁净的。不要不惹尘埃，而是应该把净土留在心底，将爱留给人间。

事实上，没有人会拒绝快乐，这也需要我们主动热爱和拥抱生活，这样，我们就能踩着时光的留声机，记录属于自我的那片灿烂星空。

曾经，有个年轻人，他认为自己已经看破了红尘，于是，他辞掉了工作，来到海边，每天就在沙滩上晒太阳。

这天，一位老先生也来沙滩游玩，看到慵懒的年轻人，他忍不住问：“年轻人，这么大好的时光，你怎么不去赚钱？”

年轻人说：“没什么意思，赚了还是要花掉。”

老者又问："你怎么不结婚？"

年轻人说："没什么意思，结了婚还有可能离婚呢。"

老者说："你怎么不交朋友？"

年轻人说："没什么意思，交了朋友弄不好会闹翻。"

老者给年轻人一根绳子说："按照你的逻辑，我觉得你还是干脆拿根绳子上吊吧，反正你早晚也得死，还不如现在死了算了。"

年轻人说："我不想死。"

老者于是说："生命是一个过程，不是一个结果。"

年轻人翻然醒悟。

这就叫"一句话点醒梦中人"。是啊，生命是一个过程。怎么享受生命这个过程呢？把注意力放在积极的事情上。懂得享受寂寞的人是淡定的，但他们绝不是看破红尘，不思进取，这是经过岁月磨砺后的沉稳含蓄，看淡世俗名利。

其实，在喧嚣的人世间，我们要保持内心的宁静，坚定自己的信念，而不是把自己孤立起来。因此，从现在起，不妨大胆地走出自我限定吧。

1.走出去，交几个知心朋友

"千里难寻是朋友，朋友多了路好走""朋友是成功的阶梯""朋友是人生中宝贵的财富"这些话都说明了朋友对人们的重要性，也说明了人们对友情的渴望。两个亲密的朋友会无话不谈，即使是在很远的地方也能够感觉到彼此之间的存在，会互相帮助，共同成长。打个比方说，当你不小心割伤了手指时，你一定会立刻找创口贴。当你在心里遇到什么不开心的事情的时候，你肯定是需要有人在旁边支持你，给你打气。要处理好压力，那你必须要有强大的“后备力量”。也就是说，我们只有具备几个可以掏心掏肺的知己，才能在需要他们时，让他们挺身而出。

事实上，日常生活中也充满了交友的机会。例如在每天上班搭乘的公车里、在图书馆中、在公园中遛狗时……我们经常可以在合适的时刻与人交谈。若有机会（例如两人每天上班必须搭同一班车），双方就可以进一步成为朋友。即使没有机会，一个微笑、一句问候的话，都可以带给自己和别人一些温暖，让这世界变得美好些。

2.心情不好时最好找能帮助你排遣压力的知己倾诉

如果你把你的压力和困扰告诉朋友，可以让你觉得舒服些的话，这未尝不是个好方法。把你的困扰说出来，也许你会觉得舒服很多。那么你也可以找一些可以信任的朋友，一起出去喝喝咖啡，把你的困扰告诉他们。

当然，当一个人独处的时候，如果发现情绪不好，还可以离开家门，强迫自己转移注意力，可以随意散散步，找一个热闹的地方看看风景，把糟糕的心情调整过来。

当你能转变心态，用美好的眼光看待世界时，你会发现，每天早上第一缕阳光是温暖的，空气是清新的，我们的爱人是美好的，工作是积极的，你的生活也是充满无限可能的。所以，学会热爱生活吧。

享受孤独，珍惜独处的时间

我们都知道，人是群居动物，我们都生活在一定的集体中，我们任何人的一生，都不可能脱离他人而存在，但是我们又是孤独的，因为没有谁会永远陪伴我们，你是否曾有这样的体验：夜深人静时，在我们内心深处，我们渴望被人理解，渴望被接纳，但是，相识满天下，知己能几人？谁又能无时无刻地陪伴我们呢？的确，在很长时间里，在人群中前拥后抱，热热闹闹，让人误以为这就是生活的常态，其实，孤独才是人生永恒的状态，正如作家饶雪漫曾说的："不要害怕孤独。后来你会发现，人生中有很多美好难忘的时光，大抵都是与自己独处之时。"

不管我们与别人如何交集交织，我们一辈子与之相处得最多的还是自己。所以，我们都要学会接受孤独，并学会和自己好好相处。

"现在下班后，我很少去酒吧了，天天喝酒应酬的日子令我厌倦了，我现在喜欢看看书，每读一本书，我都能获得不同的知识，有专业技能上的，有人生感悟上的，有风土人情，有幽默智慧。我很享受读书的过程，每次从图书馆出来都已经夜里十点了，在回家的路上，看着路边安静的一切，风从耳边吹过，我真正感到了内心的安宁。同事们都说我这人太宅了，但我觉得，我是在享受寂寞，内心有书籍陪伴，我从不感到孤独。”

这是一个懂得与自己相处的人的内心独白。心与书的交流，是一种滋润，也是内省与自察。伴随着感悟与体会，淡淡的喜悦在心头升起，浮荡的灵魂也渐归平静，让自己始终保持着一份纯净而又向上的心态，不失信心地契入现实，介入生活，创造生活。

然而，现代社会中的很多人因为形只影单感到孤独，还有些人虽然置身于热闹的地方、身边围绕着朋友，也会觉得孤单，这种孤独是发自内心的孤独。从心理学的角度而言，孤独是一种心理状态，所以它与形只影单的孤单有着显而易见的区别，孤独是内心的煎熬，很难排遣。假如一个人长期处于孤独之中，就会心理压抑，郁郁寡欢，甚至最终对生活失去兴趣，产生悲观厌世的心理。由此可见，孤独对人们心灵的啃噬是很严重的，也会导致恶劣的后果。

在人生的长河中，每个人都有机会感受孤独。当然，孤独并非总是可怕的，有时候孤独也会创造奇迹，诸如“秋水共长天一色，落霞与孤鹜齐飞”的绝美诗句，就来自于作者的孤独。由此可见，我们并非总要做孤独的奴隶，受到孤独的奴役和伤害，我们也可以调整自身的心态，让自己与孤独和谐共处，甚至有可能也创作出一些优美的词句来！

现代社会，看似每个角落都热闹无比，实际上人们因为浮躁，陷入了更加深刻的孤独。可以说孤独是现代人的通病，也是完全符合现代文明精神的“现代文明病”。无数的年轻人守在电视机前看着无聊的电视节目，或者捧着手机刷着朋友圈，看着花边新闻，但依然感到孤独。他们不愿意陷入生活的喧嚣之中，希望通过孤独的守望，更深刻地洞悉自己的心灵。正如唯物辩证主义所说，凡事都是有利也有弊的。孤独也是如此，我们要学会在一个人独处的时候享受和品味孤独，也要在感受到生命寂寥的时候，能够赶走孤独，还给自己鲜花遍地的绚烂心灵。

纷纷扰扰的尘世中，每个人都应该给自己一个静下来的理由。生活中，我们要扮演好很多角色，很多时候，我们焦头烂额，手足无措。面对闹与静，我们一定要懂得调节，比如，一天繁琐的工作结束之后，你可以听听轻音乐，通过音乐，你可以发现生命的意义原来是感受生活中点点滴滴的美好。失落会在音乐中消散，沮丧会在音乐的荡涤中溶解，怀疑会在音乐中清除。也可以看看书，它会帮你寻找心灵的安顿，用书籍去寻找心灵的安顿，闯过生命的种种关卡，抵达心灵平静的彼岸，你便能保持心灵的宁静，多一份圣洁与执着，让我们身边飘过那沁人心脾的乐风！

一个人的时候你在做什么

现代社会，随着生活节奏的加快、竞争的日趋激烈、经济压力的逐渐增大，人们穿梭于闹市之间，已经习惯了忙碌、灯红酒绿、觥筹交错的生活，以至于在独处时显得内心慌乱、手足无措，而实际上，我们每个人都应该珍惜与自己相处的时间，因为群居得太久，我们很容易忽视自己的内心。

人在独处之时可以想许多事情，可以不受他物的牵绊，让自己的思想尽情遨游，在深思熟虑中获得生命的体验与感悟。这就是独处的妙处。大凡那些智者，都会将一个人的生活也过得有滋有味，他们会紧紧抓住有限的时间提升自我，而不是呼朋唤友或者唉声叹气，浪费光阴。

从前，在一座山上，有个古老的寺庙，寺庙里只有一个老和尚和一个小和尚，他们各司其职，老和尚念经，小和尚负责砍柴挑水。

日子慢慢就这样过去了，一天，小和尚好奇地问老和尚："师父，我想读书……"

老和尚什么也没说，只是从内间拿来一块石头，然后对小和尚说："这样吧，你先拿着这块石头，明天你拿到集市上去卖，但切记，无论谁出多少价钱，你都别卖出去。"

这一番话说得小和尚愣住了，明明是叫我去卖石头，为什么又不卖出去呢？但小和尚没有多问，第二天一大早就出发了。

来到集市上，一开始并没有人对一块石头感兴趣，直到傍晚，才有个人过来问：“因为它的样子很别致，我想买回去给我女儿玩，六文钱吧。”

小和尚心想，一块石头还能卖出这个价钱，他真的很想卖了石头，但是师傅可是嘱咐过的，所以他只好拒绝了这个买者，然后带着石头回去见师傅。

回到寺庙后，小和尚将自己在集市上遇到的事告诉了老和尚，老和尚听完后问小和尚：“现在你明白了吗？”

小和尚感到很奇怪：“明白什么啊？”

老和尚笑而不语，拿着石头径自走开了。

就这样，小和尚又砍柴挑水了一个月，一个月后，小和尚耐不住寂寞了，又对老和尚说：“师父，我不想砍柴，我想读书！”老和尚像上次一样，又拿出了那块石头：“这次你把石头拿到山下的布庄老板那里去卖，不过还是和上次一样，不能卖出去。”

小和尚这下更纳闷了，为什么让我去卖石头却又不能卖出去呢？但是小和尚依然没多问，就按照师傅的话下山了。

第二天，带着石头来到了布庄。布庄老板拿着石头看了好半天后说：“这样吧，我没有多少钱，我出500两银子买你这块石头。”

小和尚听到老板的话，吓了一跳，心想，这是一块石头而已，怎么会这么值钱呢？布庄老板笑着对小和尚说：“表面上看，它只是一块普通的石头，但是行家能看出来，其实这只是它的外表，其实它是一块无价的宝玉，只是外表被掩盖了而已。”

小和听完赶紧说：“不卖了不卖了！”然后就带着石头又回去了。

回到寺院，小和尚又将在山下遇到的事情告诉师父。

师父问他：“明白了？”

小和尚回答：“明白了”

老和尚接着问：“你明白什么了？”

小和尚回答：“师父让我去卖这块石头，又不让我卖出去，其实是在教我一个道理：要想认识世界，先要认识到自身的价值，挖掘内在的宝藏。”

老和尚满意地点了点头，从此谨记师父的教诲，潜心礼佛，最终成为一名著名的禅师。

可见，一个人只有懂得认识自我价值，不断努力提升自己，才能创造价值。人生就是这样，一个人如果能够做到不断提升自我，让自己永远具有吸引力，就不怕没有人发现。而这一过程，需要我们在独处时完成。与其四处找船坐，不如自己修一座码头，到时候何愁没有船来停泊。所以说，闲暇时间中，不如学会静享独处时光吧。

那么，生活中的你，一个人的时候可以做些什么呢？

你可以听听音乐、冥想或者写一些文字，以此来洗涤心灵，但无论如何，请不要在寂寞中沉沦。

因此，我们每个人都要珍惜和自己独处的时间，当你独处时，也不要消极和无聊，你完全可以抱着积极的心态去做些事，比如，读书。古人云：“书中自有黄金屋，书中自有颜如玉。”书籍是人类进步的阶梯，你可以从书中获取知识、增长见识。你可以坐在阳台上，也可以蜷缩在沙发里，随时随地都可以进入书的海洋。

另外，你还可以专注于手头工作和学习，那么，你便能沉浸在自己的世界中，又怎么会感到孤独呢？举个很简单的例子，炎炎夏日，农夫想把稻子割完、学生一心要读完一本书，他们都是不孤独的，只有无所事事的人，才会觉得内心空虚、寂寞，需要与人为伴。

哪怕一个人，也要把生活过得精彩

你是否有过这样的经历：紧张忙碌的工作之余，你离开办公桌，冲一杯咖啡，来到窗前，静静俯瞰这这城市中匆匆行走的人们，此时，你是否突然觉得自己好像累了很久，难得有这样轻松惬意的时刻？在万籁俱寂的子夜时分，你翻来覆去无法睡去，一想到第二天依然要面临繁杂的工作，你是否觉得心力交瘁，恨不得逃离这世界？你听够了上司的训导，同事的唠叨，孩子的哭闹，家人间的争吵，你是否很渴望能独处？

在人的一生当中，我们大部分时间都在不停地奔波和忙碌中，都在与人打交道，独处的时间太少了，而一旦闲下来，就很容易感到孤独，所以，在大都市里，很多人在闲暇时光会交朋结友或者寄情于娱乐场所，以此消磨无聊的时光。而其实，独处才是少有的一种平静，当我们徜徉在一个人的时光里时，只有安静，只有自己的呼吸，只有平平淡淡，而拂去了忙碌、压力。在万物沉睡的凌晨，在肃静的内室之中，或是在空旷的郊野，在所有这些寂寞的时候，凡尘的繁琐事务离我们远去了，忧虑与烦忧也不再侵害我们，我们的内心自然会生出许多平安欢喜的感激之情，此时思绪静止，内心安详而淳朴，你会感到一种与天地同在的醉意。

事实上，内心淡定的人，无论外界多么纷繁复杂和吵闹，他们的内心都是平静的，他们就如秋叶一样静美，淡淡地来，淡淡地去，给人以宁静。白日的尘埃落定，他们会在灯下读点书，修复日渐粗粝的灵魂，使自己依然温婉和悦。

我们每个人都背负着一定的压力，我们不得不四处奔波，硬着头皮在喧嚣的尘世中闯荡，长时间下来，我们疲惫不堪、精神紧张，却不知如何调节。事实上，调适心态的方法有很多，其中最为简单的方法之一就是尝试独处，给自己点时间，去享受生活。

所以说，我们每个人，即便一个人的时候，也要精彩地生活，具体来说，在独处时，我们可以这样做：

1.每天打扮得优雅得体、干净利落，出门前照照镜子，对自己笑笑。

2.听着音乐干家务，不会觉得疲劳，还会觉得是一种享受。

3.枕头下始终放上一些书，读书可以益人心智，怡人性情，滋养人生。

4.玩玩文字，写写自己的心情故事，自我安慰，自我欣赏，自我陶醉。

5.买适合自己的衣服，穿出自己的气质，让同事们啧啧称赞的不一定是高档的服装。

6.偶尔买一套和平日风格不同的服装，换换自己的心情，也让别人换换对你的印象。

7.经常变换发型，当然要与服装搭配。

8.别为别人的事伤心，即使是你的兄弟姐妹，他们有自己的生活方式，各人有各人的命。

9.偶尔偷一下懒，不用刻意要求自己。

10.养几盆名贵的花，像照顾孩子似的照顾它，看着它开花了、发新枝了，你都会有成就感。

11.在闲暇时哼着小曲，整理一下衣柜，可以把不再穿的衣服送给适合的人。看着孩子的小衣服还会使你想起孩子小时候的可爱，这也是一种精神享受。

12.保证睡眠充足，足够的睡眠会使皮肤光洁细腻，是天然的美容方法，还不用花钱。

13.寂寞时看看好友的短信，或给他们发发短信，收到他们的短信，你会觉得做个现代人真好，即使相隔千山万水，但几秒钟就可以知道彼此的情况。

14.整理相册也能换个好心情，看看儿时的你，长大后的你，你的孩子甜甜的微笑，你们一家其乐融融，都会觉得好开心。

15.想哭的时候也别强忍着，有个人听你哭诉更好，如若没有，找个安静的地方痛哭一场也会感到轻松许多，人人都有脆弱的时候。

第10章 我们用尽了全力，只为过好这平凡的一生

人生在世，我们穷极一生的时间，都是为了获得幸福，然而，我们不少人却忽视了这一点，他们盯紧了前方的目标，却忽视了脚下的路，忘却了路边的风景，到了迟暮之年，他们才发现，原来这么努力，还是过不好这平凡的一生，这是为什么呢？因为我们没有一颗有趣的灵魂，没有用心生活，固执地为了追求自己得不到或已经失去的东西，而放弃了眼前唾手可得的幸福，这是多么不值得啊！

只管努力吧，剩下的顺其自然

生活中，一些人在做事时，在没有完全知道结果前，都会说这样一句话："顺其自然吧。"顺其自然是按照规律发展后的必然的结果，所以，我们就一定要按规律办事，这个"自然"可能与你的目的是不会差多远的。顺其自然是理智的，努力就是理性的，结果就是客观的了。

的确，任何事情的发展都是有规律的，人们的主观愿望与实际生活也总是有差距的。就像自然界的植物，它们的成长需要每天接受光合作用，需要接受甘露的灌溉，才能获得成果。其实，不仅是植物的成长，我们所做的每件事也是如此，是有一定的规律的，我们需要做的只是努力，剩下的就将一切交给时光。这是一种大气和洒脱，是一种从容和淡定。

生活中的人们，当下的你可能正处于困惑或者逆境之中，可能你对现在所从事的事感到迷茫、觉得毫无希望，但是你可曾问自己：我做到百分之百的努力了吗？如果答案是肯定的，请别焦躁，该有的总会有，成功总有一天会找到你。

小李这些天正在学习弹琴，由于基本功不太扎实，他练起琴来很费力，尽管自己付出了许多辛勤的汗水，可就是不见效果。

但是，他心里又极度渴望自己在琴技方面能够有所突破，于是他每天强迫自己练琴四个小时。时间长了，他变得时常焦虑，心理上把练琴当成了一种压力，他常常烦躁地问老师："我是不是练不好了""我还能行吗""怎么这么练都不见效果，我干脆还是不练习了吧""难道我就这么放弃了吗"。

老师听了，只是微微一笑："你不要自己到处惹气生，放松自己，缓解心中的压力，卸下负担，心情好了，琴艺自然会有所进步。"过了不久，小李的琴艺真的进步了，而之前弥漫在脸上的阴霾已经消失得无影无踪。

其实，对于小李来说，外界并不存在太大的压力，反而是他自己给自己太大的压力。他将练琴当成了一种负担，因为负担，他就可能生活在压力、痛苦、烦躁和苦闷之中，无法真正体味到练琴的快乐。

哲学家尼采曾说："有人认为做事应该用全部的力气，其实，最合适的力气是四分之三，前者总会给人一种压抑的印象，充满紧张，难免令人感到不快与浑浊的兴奋。而且这样的作品，总会透着一股作者的'人臭味'。但是用四分之三的力气完成的东西，就能让人感受到一种舒畅，也会给人以安心、健康、舒适之感。也就是说，这样的东西更能为众人所接受。"尼采的这段话里所说的人臭味，指的是目的性，对做事的成果的功利性期待，而以四分之三的做事，则是能让人在轻松的心境下完成工作。

生活中，许多事情都是如此，不论是打拼事业、追求梦想等都一样，我们不能过分看重结果，如果以成败论英雄，忽视体会过程，也就无法体味追梦路上的美丽风景，无法体会那份喜怒哀乐，人生也就缺乏了一种韵味。学会享受过程，将收获更多精彩。

1.将注意力放在积极的事情上

享受过程，首先需要学会把注意力放在积极的方面。当阳光照耀下来时，也总会有阳光照拂不到的地方。如果眼睛只盯着阴暗面，抱怨生活没有阳光，那么只能走入黑暗的深渊。既然如此，你为什么不将自己的目光放在积极的方面呢？以积极的态度看待事物，让自己的生活充满阳光，多一点快乐，少一点哀伤。

2.过程更让人回味

有付出就有回报，这是我们都知道的道理，只要你足够努力，惊喜总会降临，一些人在还未奋斗前，就渴望成功，却忽略了路途上的绝美风光。很多时候，当一心想要达成某个目标时，有时候会因为压力过大而与成功擦肩而过。所以，与其紧盯着成功，给自己施压，不如轻松应对，轻松享受过程中的美好，世上的各种滋味，都需要我们一一品味，在你亲自体验的过程中，可能是一段痛苦的岁月。但你当这一切都过去，你终将获得成长。这就是过程带给我们的，品味生活的滋味就是成长的过程。

3.积累经验

人们总是在不断前进的过程中，不断失败，不断总结经验，不断成长。这些失败的经历是为未来的成功积累的素材。在我们的工作和生活中，总是会遇到各种各样的挫折和失败。在遇到这些的时候，不要就此倒下，一蹶不振，要奋起向上，在前进的路上认真把握，总结经验教训，为后续发展提供必要的保障。过程是十分重要的，正是在不断地学习和积累中，我们才能将事情完成得更好。

总之，我们需要记住，无论做什么，太想成功的人，往往很难成功，太想到达目标的人，往往不容易到达目标，过于注意就是盲目，欲速则往往不达，凡事不可急于求成。相反，以淡定的心态对之、处之、行之，以坚持恒久的姿态努力攀登，努力进取，成功的几率却会大大增加。

你这么努力工作是为了什么

生活中的你，当你结束忙碌的工作，站在街头，看着熙熙攘攘的人群，你可曾思考过这样一个问题：为什么我这么努力工作？是为了生活吗，还是为了理想？的确，我们努力再努力，也只是为了过好这平凡的一生，只是为了有更好的物质生活，让自己有更多选择的机会，然而，现代社会的生活节奏越来越快，工作压力也越来越大，人们似乎忙到忽视了努力工作的真正目的——从容地享受生活。

在无数奔波于生活和工作的人经过无数次实践之后，才得到了一个至理名言：工作是为了更好地生活，生活就必须工作。看到这两者之间相互依存、无法分割的关系，你一定哑然失笑了吧。生活，远远不止工作一项内容，工作是生活的意义，也是生活不可分割的一部分，更是实现美好生活的必经途径。

哈瑞是一家外企在中国亚太区的总负责人，从他来到中国的第一天开始，他就下定决心要好好开辟中国市场，所以他也做足了努力工作的准备。

由于中国是新划分的地区，哈瑞很清楚要想给总公司交代，就必须尽快做出成绩来。他每天废寝忘食，带着全体员工日夜奋战。为此，员工们纷纷抱怨："咱们就像是机器人一样啊，简直连片刻休息也没有。"对此，哈瑞总是给大家加油鼓劲："为了未来过上好日子，咱们必须拼搏啊。少休息一会儿不算什么，再苦也没有红军两万五千里长征苦啊！"听到哈瑞这个中国通这么说，大家都哭笑不得。

哈瑞不仅盯着大家苦干，自己也废寝忘食。他已经三天没有回家了，一天之中，他除了吃饭睡觉用去几个小时之外，全都在全心全意地工作。

有天晚上，哈瑞正在加班，居然觉得眼前一阵发昏，然后赶紧到胳膊有点发麻，他还算有些医学常识，赶紧让同事们送他去医院，还通知了他的妻子。果不其然，哈瑞因为过度劳累，有些轻度脑梗，需要马上治疗。看到妻子关切的眼神和委屈的泪水，哈瑞才意识到自己做错了。他对送他来的同事说："给大家放假一天，让大家都回去休息吧。留两个值班人员就行，轮休。"妻子含着眼泪数落他："你呀你呀，你拼命工作是为了什么呀！你口口声声说为了我和女儿更好地生活，但是如果你突然离开了我们，我们就算有再多的钱又有什么用呢！"哈瑞惭愧地说："急于求成让我忘记了工作的初衷，我对不起同事们，也对不起你和女儿。我以后不会再这样了。"

如今，在我们的身边，发生了越来越多的猝死事件，尤其是那些长期加班熬夜、睡眠不足的人，其患心血管疾病和猝死的概率会更大，远远超乎我们的想象。最让人痛心的是，一些猝死的人其实正值壮年，突然离世，抛下亲人、爱人，让人感慨唏嘘。实际上，很多疾病都是有征兆的，也与我们日常生活和工作中的习惯有着莫大的联系。因此，我们每个人都要认识到这一问题的严重性，都要从现在开始调节自己的生活和工作状态，才能在未来的日子里更好地享受生活，也更加摆正工作的位置。

现代社会，人们生活水平极大提高，人们已经全部解决了温饱问题。因而，当你为了实现自身的价值而努力工作时，当你为了改善家人的生活而努力工作时，你都应该时刻记得，工作的目的是为了更好地生活，而不是为了毁了生活。

当一个人匆匆忙忙地赶路，他很难看到路边的风景，也不会注意到同行者的心情。然而，人生这趟旅程并不在于迫不及待地赶赴终点，而是要慢一些学会欣赏，学会停留，学会与爱人亲人执手偕老。当你觉得已经没有时间享受生活，就要放缓那颗焦虑的心，慢下来，等一等自己滞后的灵魂。

放宽心，何必给自己太大的压力

我们每天都面临着诸多压力，压力的形式有很多种，一些人因为工作压力大而烦恼，一些人因为情感不顺而头疼，还有一些人婚姻不和谐，对此，我们都可以将其总结为“社会压力”。社会压力对于一个人来说，有利有弊，适度的压力能督促我们奋进，但如果任由压力肆虐我们的内心，久而久之，就会成为心头挥之不去的心结，如果这种压力长久以来得不到有效释放，就会越积越多，并产生出巨大的负面能量，最终，它就像一座火山一样爆发出来，导致人们的心里被压垮，脾气越来越坏，甚至有严重者精神崩溃，做出傻事。当然，对于外界的压力，我们需要调节，千万不要再给自己压力，这样只会是雪上加霜。

生活中，无论是生存压力，还是工作压力，对一个人的心态都是有着重要影响的，一旦压力来袭，情绪就会恶劣，容易生气、烦躁，似乎看什么事情都不顺眼，内心的情绪积压过久，总想痛快地发泄一番。因此，那些给自己压力越多的人，体会到的快乐越少。

作为80后的小陆简直是个拼命三郎。她大学毕业后来到北京，成为一名计算机编程人员。虽然大多数同事都是男性，但是作为为数不多的女性程序员，小陆巾帼不让须眉，也是经常熬夜加班。对此，很多男同事都劝说小陆不要这么拼，毕竟是女孩了，将来找个有实力的男朋友就一切都解决了。然而小陆自己知道，她出身农村，父母至今依然在农村面朝黄土背朝天，因而她只能拼，而不能指望依靠任何人。

上个月，全公司都在全力加班，虽然上司念及小陆是女孩子，因而给了她特权早些下班休息，但是小陆不甘落后，和男同事们一样通宵编写程序。果不其然，没过多久，小陆就病倒了。这一病，让她元气大伤。看到前来探望的同学，被同学抱怨为何如此拼命，小陆的眼眶红了，说："我家是农村的，父母都在受穷，砸锅卖铁才供我读完大学，我不拼又能怎样呢？"同学气急地说："你呀，就是榆木疙瘩脑袋。你也不能让自己被压力压死吧，工作的目的是为了更好地生活，不是为了结束生活。要是你能把压力化成动力，每天都安排好工作和生活，满血复活，岂不是更好么！你这样透支体力，只会导致事情更加糟糕。要是你父母知道，该多么心疼你呢！关键是这样并不能解决问题啊！"同学走后，小陆躺在病床上思索很久，终于认清了问题的本质。是啊，努力就好了，干嘛把自己搞怎么累呢？想通其中的道理后，小陆不再当拼命三郎了。她把力气匀称地使出来，对时间也进行合理安排，果然效率非但没有降低，反而大大提高。如今的小陆，不再觉得自己被压力压得喘不过气来，而是觉得生活中的每一天都充满了希望。

在这个事例中，小陆此前一味地记着压力，最终让自己轰然倒塌。幸好得到同学的点拨，她才能意识到这暂时的拼搏并不能解决根本问题，唯有调整好身体和心理的状态细水长流，才能让这一切更加长久可靠。不仅小陆需要如此，那些生活中时刻牢记压力因而片刻不敢休息的人，也应该进行如此深入理性的思考，为自己的人生找到合理长久的道路。

心理学家认为，压力的存在能推动我们更努力、更奋进，但也会让我们陷入长期的焦虑和恐惧中，更为严重的，还会引发身体上的疾病。所以，我们要给自己适当的压力，而只要不是太糟糕的事情，我们应该学会忘记，这样一来，那些琐碎的小事就影响不到我们了。

现代社会中几乎每个人都感受到巨大的压力。但是，当我们把压力挂在嘴边，非但于事无补，反而让我们身心俱疲。因而，我们必须合理分担压力，将其转化为持续的动力，最终才能实现自己的梦想，得到自己想要的生活。

用知足的心态去对待生活中的每时每刻

我们生活的现代社会里诱惑无处不在、无时不有。诱惑总带着迷人的笑容，向我们展示婀娜的身姿，抛出暧昧的眼神，让人心甘情愿地投入其中。正所谓“人之所以痛苦，皆因内心的执念，对于某些东西放不下，不知知足”。当我们苦苦追求各种欲望，如爱情、金钱、权力而不得的时候，就会陷入迷乱烦躁之中，让自己的生活变得一团糟。

有时，越是得不到的东西就越是想得到，可偏偏越是想得到的东西就越是得不到，如此纠缠下去，就演变成难解的心结。这时，不如将“事能知足心常乐，人到无求品自高”这句座右铭默念几遍，给自己的精神减减压。

知足是我们为人处世的一种境界，能知足常乐，世间便没有无法解决的问题。其实，人的基本需求是很低的，但人的欲望却总是无限的。我们每个人都应珍惜自己所拥有的，做到知足常乐。

人的本性就是贪婪，人们总是想要拥有更多的金钱权势，想要住更大的房子，开更好的车……然而，在生命面前，这一切身外之物都是浮云。等到有朝一日你虽然腰缠万贯，却失去健康和青春，你才会意识到金钱权势是多么得无用，然而此时为时晚矣。与其等到不能挽回时再陷入无限的懊悔，不如从现在开始就豁达一些，努力成为欲望的主人，而不要当欲望的奴隶。唯有如此，我们才能从容地享受生活。

作为在艺术学院读书的大四学生，丽丽看起来简直像个贵妇人，而不是清纯简朴的学生。早在大一的时候，她就开始谈男朋友。因为自身家里条件不错，再加上男朋友是富二代，所以丽丽很快褪去青涩，成为班级里乃至全校最时髦的学生。

她几乎每天都在尝试不同的打扮，有的时候是清纯的学生风，有的时候是奢华的贵妇风，有的时候是知识女性的精明干练，有的时候是青春少女的妩媚多姿。总而言之，丽丽有很多华丽的服装，化妆品更是堆满了柜子。每当听到同学们艳羡的啧啧声，丽丽总是觉得极度满足。尤其是当走在校园里招引很多人瞩目时，她更是沾沾自喜。就这样，丽丽的欲望越来越膨胀。她不但要求男友为她买昂贵的衣服和化妆品，居然在这次生日的时候提出让男友送她一个LV的包包。尽管男友挥金如土，也未免觉得LV包对他们的学生身份而言太夸张，为此他拒绝了丽丽的请求。

一个偶然的机会，丽丽认识了一个社会上的成功男士。这个男士是一家上市公司的老总，家里有老婆，外面还有情人，但是却非常大方，居然送了一辆豪华跑车给丽丽。在重金的诱惑下，丽丽居然答应了这位男士的请求，开始与其交往，并且住进了他位于郊外的别墅。接下来的生活，丽丽更加一掷千金，当然，代价就是成为那位成功男士的金丝雀。眼看着大学毕业，很多同学都进入歌舞团、影视公司发展，丽丽却成为被圈养的小鸟儿，再也飞不起来了。

丽丽为了满足自己不断膨胀的欲望，最终选择放弃事业的发展，成为一个金丝雀，被富豪圈养起来。这样的结局未免让人扼腕叹息，因为人生最美好的年华也不过就是那么几年，岂是金钱可以估价的呢！这就是欲望的邪恶力量，让人们迷失本心，忘却初心，一味地只想不劳而获，只想待价而沽。

“事能知足心常乐，人到无求品自高”这句座右铭正是要我们用知足的心态去对待宠辱、得失。人的内心是否安定其实是一种心态，是我们可以调控的，也是我们在刚刚接触社会就应该把握和学习的，对我们将来的发展至关重要。或许有的人生活得很优裕，却总是不安定、不踏实；有的人生活得很艰苦，却觉得知足而快乐。年轻的时候就应该明白，我们的一生是为了自己活着而不是别人，所以不要将自己束缚在攀比的牢笼中，为世俗的纷扰所困，而应以知足的心态去面对生活中的一切。

如果我们能知足于我们所拥有的一切，人自然也就变得从容且满足，那时，如意、幸福、安定的生活便不再是童话，而是我们每天都能享受到的真真切切的现实，若是如此，人生岂不妙哉。

第11章 人生如逆旅，懂得开拓才会更有趣

人生如逆水行舟般艰难，因此会迷茫、会放弃，但无论如何都不应丧失远行的勇气。面对已然僵化的生活，不如放逐自我，让跳动的心将自己带出圈外，去看看世界的精彩。心若有生机，人生自会有诗意。心若安然静好，世界自会有无穷奥妙。

爱旅行，闯出人生的格局

人一旦习惯于在一个地方生活，就不乐意再挪窝。可如果总是呆在一个小圈子内，便会错过许多观赏美景以及体验人生的机会。况且这也不见得安全啊，其风险性在于，会使人变得怯懦、无力、无趣。

而如果能经常有意识地远行，就可以保持内心的热情，使自己更有探索欲，所以要鼓励自己勇敢前行，这样才能使内心不虚空，开拓出属于自己的前程。

三年之前，我从不旅行。三年后的今天，我已游遍国内的大部分地区，还去了国外的18个国家的诸多个地方。我已然是个旅行达人了。

我一开始对旅行不感兴趣，转折点是在三年前的中山大学的一次战略课上，当时有位我颇敬仰的学者说过这么一段话："先宏观再微观，先大格局再小格局。当你先看遍整个世界，再去看某一个小点的时候，事情就容易多了。"

我听了此话后豁然开朗，从此迷恋上了旅行，一发不可收，因此时常在路上。

年少时候，又有谁不曾向往远方，试图体验一次心灵的释放。但长大之后，大多数人成天为了生活奔波，想出去旅行几乎是不可能的，只得无奈地生活在条框之间，不知不觉便过了多年。面对已然迷失了的自我，为何还要继续在俗世中蹉跎？何不甩开一切束缚，对自己进行一次放逐？

别再循规蹈矩地做那个留守到底的人才，而要尽情去体验随风而去的自在。世界是多么有趣啊，何不趁年轻赶紧去看看呢？来一场说走就走的旅行，是多么难得而洒脱。

面对已然僵化的生活和身心疲惫的自我，不如让跳动的心将自己带出圈外，去看看世界的精彩。

人不能一味龟缩在自己的小圈子里，这固然会带给人满足感，但也会使人变得目光短浅、举步不前，自然谈不上会有什么大的发展。为此要有意识地放逐自我，到各种大环境中去旅行或工作，这样会使人的眼界更加开阔，进取心也不断增强，从而能不断往前闯。

出于现实需要，可以让自己融入小圈子去感受种种切实的好。而为了今后的快乐，要敢于满世界去拼搏。心底对自由的强烈渴望，可以促使人撞破生活的壁垒，挣脱模式化生活，到外面的世界去发现一个全新的自我。如若能够打破种种禁锢，勇敢地向外闯荡，就能不断拓展生存的空间。

图谋发展，应当目光长远，不断往远处看。在小圈子内寻求幸福，在大环境中开辟疆土，人生大格局就这样得以构建！

勇于前行，在经历中收获成长

人都会本能地不喜欢听人讲经验，宁愿自己去体验。无论是歹是好，无论疼痛或是跌倒，都是必经的成长之道，唯有经历过，才会真懂得。

人生不必惧怕经历，唯有让自己多经历才能多收获。从各种各样经历中，你会体会到酸甜苦辣的滋味，阅尽人间风情，从而开阔眼界，加深阅历，更深刻理解人生的意义。所以，人生之旅不必逃避，要让自己勇敢地起步。

戈壁的风肆虐地吹着，刺痛着我的脸庞；炽热的太阳无情炙烤着，抽取着身体中仅有的水分。我行进在戈壁滩，褪去浓妆淡抹的修饰，去除穿衣打扮的羁绊，心却反倒在这极端环境下变得轻松起来。踏上征途前，我曾顾虑重重，担心自己走不完全程，而一旦起步去走，也就只能一步步地向终点靠近。一路上，我开始逐渐变得坚韧，仿佛变成了巨人，任凭风吹沙打，始终坚定地朝着终点进发，扎实地收获着成长。

这是一种近乎于禅修的境界，我与自己的灵魂对话着。戈壁荒野外，以天为盖地为庐，摒弃世间纷扰无数，回归人之初。在千姿百态的大自然面前，我心中郁积的所有苦闷与疑惑，在这一瞬间都得到了释然。

内心脆弱时，外人的安慰也只能满足一时，要想让内心变强就要学会自我疗伤，修养好内心后，鼓励自己继续走下去。

遭遇种种坎坷不幸时，耐心等一等，静心找一找，或许人生就会大不同。

正是曾经经历的各种事情，让人更好地认识及了解了人生。因此不要害怕经历，人生之价值几许，唯有亲历者才能真正懂得。经历过辛酸苦涩，也就懂得什么是幸福了。正是因为经历得足够多，才让自己蜕变为更好的。

人生的格局，其实可以宽广如天地，要想得到唯有让自己走出去。如果不去行走与体验，是绝对无法感知那种博大与深邃的。不要总是对他人的生活旁观、生羡，而要走出圈外，亲自去经历一些事情。只有亲自经历过，才能懂得什么是真正的成长。

无论曾经经历过什么，无论遭遇了多少荣辱成败，它们都终将会湮没于时间之河。当你站在又一个起点上时，人生的一切又是崭新的。抛开一切顾虑，放开手脚去经历，就能打开人生格局，无畏风雨来袭，我自收获着成长。

追逐，是一种赢的姿态

生命不息，追逐不止。行进在人生长途上，就只能硬着头皮往前闯，无论前方是泥泞或是多艰，都不能徘徊不前，而要坚守初心，无畏地走下去。

人生就是一个不断追寻的过程。面对前方的各种未知，若是有心去探究一番，追逐便成为一种必然，它是一种蕴含着激情的强有力的姿态，能倔强地帮助人们寻找到自己的位置，让人获得永恒的救赎。

西北戈壁这片黄沙漫土，意味着苍凉、荒芜、杳无人烟，却以神奇的魔力吸引着我们向前。我们人大的18名勇士聚集在一起，决定对它进行一种神圣的追逐，计划用四天三夜徒步穿越120公里，期间将会途经山谷、丘陵、盐碱地、胡杨林、戈壁等不同地貌。这次追逐既可以让我们体味到西北自然风光的壮美，也必将向我们的生理与心理极限发起挑战。我们立誓要用坚持在艰难困境中创造奇迹。

那天，顶着漫天风沙行进了两个小时，我就腹痛不已，体力不支，很难跟上团队的步伐。于是，伙伴们就轮流拖着我前行，还不断地为我加油打气，再加上我的自我鼓励，我很快就奇迹般地恢复了能量，疼痛感迅速下降。

逆风启程，我胸中激荡着无限豪情。

每每得知伙伴们受伤的消息：中暑、晕倒、掉皮、水泡，我都会心疼不已。但是他们一个个都不以为然，还是很快乐地在艰难中跋涉着。

每一天出发时都是一派壮观的阵容，大家脚步坚定、气势高昂，心中则燃烧着热血，泪水与汗水交融在一起，湿了又干，干了又湿。这征途上究竟经历了些什么，只有亲自走过茫茫戈壁者才最清楚。

在辽阔无垠、苍茫雄浑的戈壁滩里，有我们的情怀在流溢。

行进六小时后，病痛感再次袭来。地面在我脚下流动，天空在我头顶旋转，疼痛感从脚掌一直蔓延到全身。又踉跄前行了几公里后，我终于还是中暑了。

刚刚心态激昂的我，再一次受到身心的巨大折磨，真的几近崩溃了。疼，真的好疼，我禁不住眼泪直流。有伙伴要求背我，我想了想，还是用仅有的清醒意识拒绝了。脑袋眩晕的我，仍一步一个脚印地向前走着，我知道哪怕少走一步，都不能算是真正的成功。于是我不断告诉自己绝对不能晕倒，最后由队友拖着我快步往前冲时，我在心中不断默念着：离终点仅仅还有几公里而已。当坚强成为唯一的选择，我才发觉原来自己是可以那么坚强的。

冲向终点的那一刻，响起了胜利的欢歌，泪水在脸上尽情流淌，却分不清是喜悦还是悲伤。在烈日风沙里，克服重重困难，坚持行走八个多个时，这是我意想不到的事，但却切实发生了，我也得以破茧重生了，不再是原来那个我。真的，你永远比想象的更强大，只要你勇于出发，任何终点都必将能到达。

为了生活或事业，追逐都是必然的。面对心目中渴望的理想目标，不追逐又怎么能得到？追逐的过程中难免要吃许多苦，受许多伤，失败也是经常性的。其实，失败与挫折就如同人身后的影子，是无论如何也甩不掉的。所以，与其为困苦而纠结、烦恼，不如擦干泪水，拖着影子继续前行，一遇到阳光它自然便会被赶跑。

人生之路历来高低不平，要想将之走完需要坚韧的心灵以及良好的耐性。用心走好每一段路，无惧于任何的险阻，日以继夜地走下去，迟早能到达目的地。

即使一时看不到终点，我们会心生烦躁，也不要轻言放弃。艰难处境中，再多一点儿坚持，再多一点努力，不松懈地追逐下去，不久就能赢得成功了。及至柳暗花明、到达终点的那一刻，你会觉得所有的付出都非常值得!

人生是一个漫长而曲折的过程，唯有心怀热情，勇于起步与追逐，才可能到达理想的终点，使自己悄然蜕变。

奔逐万里，体会旅行中的无限乐趣

当今的现实状况，极易催生人对旅行的渴望。总是呆在一个地方，容易使人产生厌倦感，体会不到生活的乐趣。因此要适时停住奔忙的脚步，学会将自己放逐。这是一种醒悟，也是一种理性态度。它能让人劳逸结合，身心放松，带着轻快的心尽赏一路美景。

与其混迹、苟且于俗世之间，不如去外面的世界寻找、体验。一己独行，自由无边，风光无限，向着远方眺望，放飞新的梦想。

第一次独自踏上旅途时，我跑去了内蒙古，去感受孤独，去感受寒冷。

一人，孤雪。绝望，从灵魂深处啜泣。

原本是场带着没落情绪的旅行，没想到却治愈了我积久的伤，内心反而充满了阳光。

冬天的郊野，银装素裹，分外妖娆。那荒凉空旷的美，如同水墨画一般，我的心境则随着仙境渐渐变得空明，接近了禅佛之境。我仿佛听到了自己的灵魂与自己对话。我时而静看日落，沉浸其中；时而仰望星空，叩问苍穹；时而听着音乐，在仙境中哼着歌，时而跳起舞，如精灵般美好。在这里，不必掩饰悲伤，也不必快乐给谁看，想走就走，无拘无束，浪漫至极。

那一刻，我突然明白了。原来，最美的自己在远方。只有自己，能温暖自己的灵魂，是自己唯一的拯救者。

如果你也深陷苦闷，不妨来场一个人的旅行，亲近大自然，享受一份独处时光，你的内心就会与快乐重逢。

喜欢就咬牙坚持，不喜欢就趁早离开。不如来一场洒脱而率性的旅行。出行不必记挂太多，要抛开心中的愁烦，以清静的心情，尽享一路风景。只要保持一颗有趣的心，就能体会到旅行中的无限乐趣。

旅行是自在放歌，穿梭大好山河。与其沉溺于平淡中的温馨，不如去体验特别中的雄浑。观赏长河落日，体会草原雄风，欣赏旅途中的风景，会不自觉地撑大人的心胸。

纵是脚步匆匆，也要停下来欣赏一下沿途的风景。在每一个角落静观素雅的景色。看春天的花朵，看黄叶起落，去山间听泉水叮咚，去海边听潮声，去大自然中沐浴阳光，静观每一棵植物的安静生长。河水潺潺流淌，草木茁壮成长，虫鸟尽情欢唱，你便能释然所有忧伤。心中如若有山水，再苦也不觉得累。如此这般，才能活得更有乐趣。

不必匆忙于追逐，不妨为身边的事物多多驻足，观察一下花瓣的开放，注意一下草木的生长，听人们快乐地唱歌。停下脚步，才能用心关注周围的一切事物，对喜爱的事情全力投入。

身体或是心灵，皆需要旅行。与其干呆着不动，不如出去旅行，即使会有风雨、有艰险，也自会有灿烂、有晴天，无论什么风景值得逐一体验。

远行的勇气永远都不要丧失。唯有不断远行，才能发现新的风景。

跳出舒适区，赢得新天地

人的天性就是贪图安逸，因此都乐意呆在“生活舒适区”。在此区域里会觉得极其舒服及安全，因此也就不乐意动弹，这是人的惰性使然。

人一旦久居舒适区，就容易不思进取，不愿意学习新东西，从而也就得不到成长与发展。因此且不可安于“舒适区”，应有意识地设法将其突破。其方法之一，就是促使自己学习各种技艺，向“斜杠青年”靠拢是最好的。

前些日子，一个很久没联系的小学同学问我:“你是从事什么工作的？看你朋友圈实在看不出你到底是从事什么职业的。”

“你是摄影师吗？”

“不是。”

“你开了舞蹈工作室？”

“没有。”

“你开婚纱店？”

“没有。”

“你是模特吗？”

“不是。”

“你是做培训吗？”

“不是。”

……

其实以上的对话经常出现在我的生活中。只有熟悉我的朋友才知道，其实我所从事的行业，与上面所说的都无关，而是一个充斥着经济数字的行业。而朋友圈中的种种疑问，则佐证了我的另一个身份——斜杠女人。

最近，“斜杠青年”这个概念非常流行。指的是一群不局限于“专一职业”，而选择拥有多重职业和身份的多元生活的人群。这些人的最大特点，是总有一颗无法抑制的好奇心，一看到什么新鲜事物，就禁不住想去体验与追逐，因此时常得到新收获也是非常自然的。

想要做一个合格的“斜杠”，需要人勇于打破自己划的杠儿，敢于往新世界里闯荡，不断地学习新技能、增强新感受，这样才能不断地突破自我，得到新的收获。

一位哈佛大学校长就曾这样，独自外出了一番，果真得到了一番新体验。工作多年后，他突然厌倦了学校的环境，于是他向学校辞行，独自到了一个边远的村庄，之后在一家餐馆刷盘子。他卖力地干着，从中得到了劳动的快乐，也体悟到了许多。

他重返校园后，突然觉得曾经令他厌倦的一切东西都变得新鲜而有趣起来，他的情绪更积极，工作也更自在。

可见，人要不断寻找新鲜感，才能激发自身热情，从而为人生寻找到新的落脚点，在人生之路上走得更快、更远。

要想克服自身的惰性，需要从以下几方面做起：

首先，在模式化生活中，人要懂得打破思维惯性以改变自己的习惯性行为。比如，你可以尝试着换个发型、换条路去上班、换个地方去吃饭等，这些都容易带给你全新体验，进而让你产生新的想法，获得新的成功。

其次，要想改变一成不变的生活，还要懂得时常检视自我，及时发现并改变那些限制自己发展的恶习，比如懒惰、不守规则等。同时，要试着培养起新的好习惯，比如珍惜时间、勤快肯干等，长期坚持这样做，就是在改进自我，帮助自己不断开拓新的领域。

另外，为了增强自己的“斜杠”能力，还需要不断挑战自己，有意识地逼一逼自己。假如你想提高沟通能力，那就多到公众场合去，硬着头皮与人主动联系、对话，之后有条不紊地表达，坚持下去是能如愿的；假如你想提高英语成绩，那就每天抽出时间强迫自己练习……如果想培养某一项技艺，就要有意识地为自己加压，直到真正拥有它。

真正的成长，就是不断地跳出“生活舒适区”，培养“斜杠”能力。这样就能在不断的求索中拓展生命格局，拥有自己的一片新天地。

心有多安静，世界就有多温柔

曾经的倔强少年，在时光之旅中日益被打磨，会逐渐被磨去棱角。

人，也许到了一定年纪，生命里就有了静气，不急躁，不功利，独自在喧嚣中沉静着、倾听着，静默地修炼着自己。

愿你在喧闹的世界里，能拥有一颗宁静的心。静心可以使内心的思绪由混乱到有序，使人更深入地了解自己。

静下心来，才能听懂自己的内心。也许，你拼命追逐的，并不是你真正想要的；也许，你日思夜想的，并不是你该爱的。对于这些，唯有去清醒地认识，才不至于徒然耗费自己的心神。

不如清除私心杂念，独守一份安然。用宁静的心观赏四季的风景，静静地走在时光的小径上，看草木荣枯，观花开花落，闻阵阵花香，看满天星光，将美好的风光一路欣赏。

静下心来，捧一本书静心阅读，尽享那种淡然的喜悦，内心顿时会变得轻松、畅快，畅游在文字的河流，立时消融人间几多愁……

如果内心宁静，生活自会平静下来。唯静心可以净化内心、提升自我。静下心来，内心才能平静、祥和，思维才会清晰、活跃。静下心来，这样才能平心静气地待人处事，专心地把事情做好，以迎接好的机运的来到。

静心能带给人淡定的力量，支撑人的向上。因此，静心之状态是值得用心好好修炼的。唯静心之人，才可以走出心灵的沙漠，畅饮生命的甘泉。

要想静下心来，就要控制好自己的情绪，遇事提醒自己不要冲动。不妨经常这样告诫自己："我活着绝不是为了生气，我心中有爱与希望，所以我不会盲目心伤。"每当心烦意乱时，不妨避开眼前，有意识地做点轻松的事儿，如听歌、散步等，以祛除负面情绪，让心静下来。如果能时常有意识地跳出圈外，心自然会安宁下来。

只有静下心来，才能够领悟人生的真谛，发现全新的自己。年少时的我们都曾做着五彩斑斓的梦，都曾有着一颗烦躁不安的心，但多年之后，我们走过了许多路，吃过了许多苦，于是不再心存执念，心已变得安静而柔软。于是，我们不再执着易变，而是选择换一种姿态，继续在坚硬的世界中闯荡。

愿你能以安静之心，静观岁月变迁，不慌不忙地成长，优雅自在地绽放，活出既温柔又有力的真自我。

温柔是轻声细语，温柔是温情无限，温柔是一种软实力。要知道再温柔轻慢的落雨，也有穿石的威力，即使它用最温柔的方式，一样可以震撼世界。

你有多安静，内心就有多温柔。温柔花开，快乐才能进来，世界才能美好起来。

参考文献

[1]阿木等.谁都不会拒绝一个有趣的人[M].南京：古吴轩出版社，2017.

[2]（日）吉田照幸.成为有趣人的55条说话公式[M].郑舜珑，译.北京：中国传媒出版社，2018.

[3]莫主编.永远别放弃做个有趣的人[M].天津：天津人民出版社，2016.